教育部高职高专自动化技术类专业教学指导委员会规划教材
"2011年全国职业院校技能大赛"高职赛项教学资源开发成果
国家级教学成果机电类专业"核心技术一体化"课程开发成果

Robot Technology Application

机器人技术应用

主　编　吕景泉　汤晓华

副主编　宋立红　王程民　杜　东

参　编　李玉轩　刘　洋　王　盟　杨　帅　徐瑞霞
　　　　王　云　贾启升　白淑贤　于海祥　王　鹏

U0310337

中国铁道出版社
CHINA RAILWAY PUBLISHING HOUSE

内 容 简 介

　　本书以2008年和2011年全国职业院校技能大赛"机器人技术应用"赛项和2008年以来各省（自治区、直辖市）"机器人"赛项的内容为载体，结合高职教育自动化类、机电类、电子信息类专业综合实训教学的要求，同时，立足高职教育工程创新实践能力的培养，集机器人技术传授和文化传承为一体，针对机器人应用的核心技术，由简入繁，由经典竞技任务到开放式实践，将机器人学习融入"故事"形式的任务实现中，力求将学习融于轻松愉悦的环境中，激发学生学习机器人技术的兴趣，培养学生的综合实践能力和创新实践能力。另外，书中还拓展了对多种机器人型号的介绍，随书附带的光盘中包含了机器人视频、教学课件、技术规格、竞赛视频、机器人世界漫游之旅、文档等教学技术资料。

　　本书适合作为高等职业教育机器人技术应用类课程的教材，也可作为学生技能大赛、学生创新实践活动、第二课堂的配套教材。

图书在版编目（CIP）数据

　　机器人技术应用 / 吕景泉，汤晓华主编. — 北京：
中国铁道出版社，2012.1（2016.12重印）
　　"2011年全国职业院校技能大赛"高职赛项教学资源
开发成果　国家级教学成果机电类专业"核心技术一体化"
课程开发成果　教育部高职高专自动化技术类专业教学
指导委员会规划教材
　　ISBN 978-7-113-14039-7

　　Ⅰ. ①机… Ⅱ. ①吕… ②汤… Ⅲ. ①机器人技术－
高等职业教育－教材 Ⅳ. ①TP24

　　中国版本图书馆CIP数据核字(2011)第262358号

书　　名	机器人技术应用
作　　者	吕景泉　汤晓华　主编
策　　划	秦绪好　祁　云
责任编辑	祁　云　鲍　闻
封面设计	刘　颖
责任印制	李　佳

出版发行：中国铁道出版社（100054，北京市西城区右安门西街8号）
网　　址：http://www.51eds.com
印　　刷：北京精彩雅恒印刷有限公司
版　　次：2012年1月第1版　　2016年12月第4次印刷
开　　本：787mm×1092mm　1/16　印张：10　插页：8　字数：245千
印　　数：7 001～9 000册
书　　号：ISBN 978-7-113-14039-7
定　　价：42.00元（附赠DVD）

作者简介

主编

吕景泉

吕景泉，天津中德职业技术学院副院长，教授，正高级工程师，获得20多种职业资格和技术教育证书。曾在德国、新加坡、西班牙、加拿大、澳大利亚等20余个职业教育机构、企业培训中心留学、进修和调研。公开发表技术论文30余篇、职教研究论文30余篇，主编并出版机电类精品教材和国家"十五"、"十一五"规划教材4部。主持国家级教育科研项目6项、国家级教学成果3项，组织完成15门国家级精品课建设工作。主持教育部、财政部支持区域性综合实训基地建设项目（大模式）的建设工作。主持教育部重点
课题"制造业技能型紧缺人才专业建设与实践的研究"和教育部与联合国教科文组织项目"制造业教师培训标准研究"。

主要兼职和荣誉有：
- 教育部高职高专自动化技术类专业教学指导委员会主任委员
- 第三届国家级高等学校教学名师
- 国家级机电类专业组群教学团队负责人
- 国家级精品课程"可编程序控制技术"负责人
- 国家级精品课程"自动化生产线安装与调试综合实训"负责人
- 国家级教学成果奖"高职机电类专业'核心技术一体化'建设模式"负责人
- 教育部高职高专人才培养工作水平评估专家库专家成员
- 中国职业技术教育学会职业教育装备专业委员会常务理事
- 国务院政府特贴专家

汤晓华

汤晓华，天津中德职业技术学院，副教授。主要从事发电机励磁系统、水电站自动化、机电一体化技术研究、教学，公开发表学术论文15篇，主持或参与编写教材6部，获国家专利1项，省级科技进步奖项2项，曾主持企业技改项目10余项，多次担任全国职业院校技能大赛裁判工作。

主要兼职和荣誉有：
- 湖北省青年岗位能手称号
- 湖北省电力公司第四届技术专家称号
- 湖北省优秀教学团队机电控制技术教学团队成员
- 教育部高职高专自动化教学指导委员会生产过程自动化专业建设委员会副主任委员
- 教育部电力行业教育教学指导委员会秘书
- 国家级精品课程"水电站机组自动化运行与监控"负责人
- 湖北省省级精品课程"PLC应用技术"负责人

副主编

宋立红

宋立红，天津启诚伟业科技有限公司总经理，毕业于天津南开大学，双学历，自1995年开始从事科研教学开发设备的推广服务工作，带领研发团队，自行研发拥有完全独立自主知识产权的TQD系列工控开发装置及教学科研机器人，先后荣获国家及天津市科委3项科研立项，2项实用新型专利，1项软件著作权，发表EI检索论文5篇。

王程民

王程民，硕士，讲师。在淮安信息职业技术学院机电系工作，主要负责学生创新实验室的指导工作，开设"智能机器人"、"工业机器人"等面向全院的公共选修课课程。

主要兼职和荣誉有：
- 指导学生先后获得2011年全国职业技能大赛机器人项目一等奖
- 江苏省第二届大学生机器人大赛RoboCup中型组亚军暨一等奖
- 第三届机器人大赛RoboCup中型组冠军暨一等奖
- 第四届机器人大赛RoboCup中型组冠军暨一等奖
- 2010中国RoboCup机器人大赛一等奖等

杜 东

杜东，副教授，毕业于天津大学自动化系工业电气自动化本科。毕业后在天津中德职业技术学院一直从事机电一体化，PLC及机器人技术的教学和科研工作。其间曾多次赴国外学习和进修，发表多篇学术论文。

主要兼职和荣誉有：
- 国家级精品课"可编程控制技术PLC"主讲教师
- 国家级精品课"生产线控制技术"负责人
- 国家级精品课"模块化生产线技术"主讲教师
- 国家级精品课"自动生产线安装与调试综合实训课程"主讲教师
- 指导学生参加2008年全国职业院校高职组机器人竞赛获第一名

编写团队

参编

李玉轩　天津城市职业学院机电与信息工程系教师

刘　洋　美国国家仪器（National Instruments）高校技术市场部工程师，虚拟仪器资深工程师

王　盟　天津冶金职业技术学院电子信息工程系教师

杨　帅　淮安信息职业技术学院教师

徐瑞霞　山东职业学院教师

王　云　天津工程职业技术学院教师

贾启升　天津城市职业学院自动化类专业教师

白淑贤　天津中德职业技术学院电气工程系教师

于海祥　天津中德职业技术学院教师

王　鹏　天津中德职业技术学院电气工程系教师

教育部高职高专自动化技术类专业教学指导委员会规划教材

编审委员会

FOREWORD 前言

编写背景

2008 年的全国职业院校技能大赛"机器人技术应用"赛项格外引人瞩目，时隔四年，机器人赛项再次遴选为全国职业院校技能大赛赛项，两次赛项充分体现了自动化、电子信息、机电等大类专业技术的综合应用，同时，也引领了高职院校工程实践创新教育活动的开展。2011 年，全国各省（自治区、直辖市）的 72 支代表队参加了"机器人技术应用"赛项，围绕项目和任务在同一个平台上的多种形式、多种组合、多种创意的机器人让参赛选手和观众眼花缭乱、心潮澎湃；伴随着赛项的进行，"机器人世界漫游之旅"的体验活动囊括了来自世界各个国家的机器人产品、各种类型的机器人设备、各个时期的机器人发展历程，各种环境下的机器人应用，15 个国家的学者和留学生，近 8 000 人的观众现场观摩交流，让 2011 年"机器人技术应用"赛项成为软、硬结合，场内、场外互动，国内、国外交流，融技能竞赛、创新体验、文化传承于一体的机器人的盛大节日。

回首赛程，那些激动人心的场景依旧在脑海里，看着机器人在比赛场地中穿梭行走，望着同组机器人间相互配合协作，瞧着同场竞技的机器人之间斗智斗勇，所有的人都摒住了呼吸；当机器人出现失误的时候，我们惋惜，也向离去的选手投以赞赏的目光，当机器人出色完成任务的时候，欢呼沸腾的掌声响彻整个赛场。那一刻，机器人比赛牵动着我们每个人的心弦，而今，依旧在那些年轻人的梦里激荡……

"机器人技术应用"大赛已经嵌入了高职人的心中，2011 年无疑会成为机器人教学系统嵌入高职专业综合实践、工程创新、学生社团活动的始发年！

大赛硝烟未散，在教育部高职高专自动化技术类专业教学指导委员会的大力支持下，在吕景泉教授牵头组织下，在大赛的技术执裁人员、参赛队的教师、行业企业人员组成的编写团队的共同努力下，在中国天津海河教育园区内，团队进行了深度交流，经过一次次碰撞和无眠的思考，一本立体化的、围绕工作任务、系统选择实践载体和设计的教材和大家见面了。

教材特点

本书是教育部高职高专自动化技术类专业教学指导委员会规划并指导编写的任务导向、面向全国职业院校技能大赛、服务高职自动化技术类、电子信息类、机电类专业、培养学生综合实践能力和创新能力的立体化教材，是第四本以全国职业大赛赛项为载体编写的教材，是教育部高职高专自动化技术类专业教学指导委员课程建设团队的又一次坚持的尝试——坚持技能大赛引导高职教育教学改革方向，坚持技能大赛引领高职专业和课程建设，坚持发挥技能大赛更大的示范辐射作用。

教材分别以 TQD 嵌入式微型机器人、2011 年全国职业院校技能大赛中科机器人平台和国际通用机器人平台为载体，抓住综合实训和创新教育这个特点，针对机器人应用的核心技术，由简入繁，由经典竞技任务到开放式实践，采取任务驱动的形式编写。本书的现实价值不仅是引领一门课程的建设，更是让技能大赛各种成果最终为教育教学改革提供动力的探索。教材编写本着"准确性、实用性、先进性、可读性"的原则，综合运用诙谐的语言，精美的图片、卡通人物以及实况录像，将学习融于轻松愉悦的环境中，力求达到激发学生学习兴趣、达到提高学习效率，易学、易懂、易上手的目的。

基本内容

再次与全国职业院校技能大赛相遇，我们倍感荣幸并十分珍惜，更需努力。本教学资源由彩色纸质教材、多媒体光盘、教学资源网站三部分组成。纸质教材共由六篇组成，第一篇是机器人漫游，从机器人走进大赛、走进工业、走进课堂，并以此为线索进行了介绍。本篇由天津中德职业技术学院吕景泉教授和汤晓华副教授共同编写。第二篇是机器人核心技术应用，主要针对机器人创新综合实践所需要的"知识点、技术点"进行了概要讲解。任务一由山东职业学院徐瑞霞老师编写，任务二、三由天津城市职业学院李玉轩老师编写，任务四的子任务一、二由天津工程职业技术学院的王云老师编写，任务四的子任务三、任务五由汤晓华副教授编写。第三篇以天津启诚伟业科技有限公司的专利产品嵌入式微型机器人走迷宫为载体，进行项目实战，任务一、三由天津城市职业学院的贾启升老师、天津中德职业技术学院的白淑贤老师、天津启诚伟业科技有限公司的宋立红总经理共同编写，任务二、四、五由天津冶金职业技术学院的王盟老师、宋立红总经理、汤晓华副教授共同编写。第四篇以2011年全国职业院校技能大赛中科机器人平台为载体，进行创新实践，由天津中德职业技术学院的杜东、王鹏老师，淮安信息职业技术学院的王程民、杨帅老师共同编写。第五篇介绍国际先进的NI机器人创新实践平台，由美国NI公司的刘洋工程师、吕景泉教授、于海祥副教授共同编写。第六篇拓展介绍机器人在其他领域的应用，由吕景泉教授、汤晓华副教授共同编写。多媒体光盘含机器人大赛多个参赛队的典型视频实况、元器件实物图片、资料、软件、教学课件、教学参考等。同时为"教"和"学"提供了生动、直观、便捷、立体的教学资源包。全体编者及天津中德王鹏、叶顿、赵维老师参与了课程资源的建设，本教材配套的课程网站由天津中德职业技术学院的李文教授负责制作。全书由吕景泉教授策划、系统指导并与汤晓华副教授一同对全书进行了统稿。

全体编者衷心感谢本书引用的各种参考文献的作者，是他们的研究成果奠定了本版教材的编写基础。本教材在的编写过程中，得到了中国铁道出版社、天津启诚伟业科技有限公司、北京中科基业国际贸易有限公司、美国NI、天津中德职业技术学院、淮安信息职业技术学院、山东职业学院、天津城市职业学院、天津冶金职业技术学院、天津工程职业技术学院等单位的大力支持，在此表示衷心的感谢！

在本书的编写过程中，多次遇到编写误区和盲点，尽管我们团队非常努力，但囿于学识，恐难以把机器人工程创新教育十分完整地呈现在读者面前，我们深感惶恐。限于编者的经验、水平以及时间，书中难免存在不足和缺陷，敬请读者批评指正。

编　者
2011 年 11 月

CONTENTS 目 录

第一篇 机器人漫游

第二篇 机器人核心技术应用

第六篇　机器人应用及展望

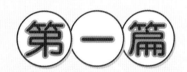

第一篇

机器人漫游

1921 年，一部关于机器人题材的演出在布拉格国家大剧院首度上演，捷克斯洛伐克剧作家恰佩克在他的幻想剧《罗萨姆万能机器人公司》中塑造的主人公罗伯特（Robot）是一位忠诚勤劳的机器人，此后罗伯特（Robot）成了国际公认的机器人的代名词。

师傅，给我们讲讲Robot的故事吧！

2011 年 5 月，在上海，发生一件有关机器人的世界性大事，第 28 届 IEEE 世界机器人大会在上海举行，IEEE 世界机器人大会是机器人与自动化技术领域最高规格的国际活动，首次由我国承办，展出的当今世界最先进的机器人，让人大开眼界。

2011 年 6 月，在天津，发生一件有关机器人的全国性大事，由教育部等 16 个部委联合主办的全国职业院校技能大赛高职组"中科"杯机器人技术应用赛项在天津举行，来自全国 71 个高职院校的参赛队伍进行了颠峰对决。伴随着"机器人世界漫游之旅"，在中国职教界，这是最高规格的技术创新竞赛和文化、技术体验活动，展出的教育型机器人、科研型机器人、竞技型机器人，让人大开眼界。机器人走进了军事领域，走进了工业领域，走进了医疗领域，走进了我们的生活，机器人也走进了我们的校园。

高职学生的机器人比赛都比什么啊？

全国职业院校技能大赛高职组 "中科" 杯机器人技术应用赛项

这次比赛模拟建造高铁的工作过程，在机器人平台实现工件的自动识别、抓取、运输和投放功能。机器人平台主要作为参赛机器人的运动底盘，参赛队根据大赛任务的要求，在此平台上进一步设计制作各种抓取、投放机构，利用机器人平台提供的主控制板和编程算法实现整体机器人的控制。一起到大赛看看吧！

▶ 任务一 走进机器人技术应用大赛

✎ 任务目标

1. 了解各类机器人大赛；
2. 了解机器人技术的发展、各国的应用情况。

机器人大赛有年头了，1993 年，RoboCup 正式创办，1997 年首届 RoboCup 在日本举行，此后，这项比赛每年举办一次。1996 年，韩国先进科学技术研究院创立了 FIRA，每年都举办一次机器人足球赛。这两大比赛都有严格的比赛规则，融趣味性、观赏性、科普性为一体，为更多青少年参与国际性的科技活动提供了良好的平台。FIRA 至今在韩国、法国、巴西、澳大利亚、中国先后举办了八届赛事。机器人足球比赛组图如图 1-1-1 所示。

图 1-1-1　机器人足球比赛组图

机器人灭火竞赛的想法是 1994 年由美国三一学院的 JackMendel 教授首先提出来的，比赛在一套模拟四室一厅住房内进行，要求灭火机器人（见图 1-1-2）在最短的时间内熄灭放置在任意一个房间的蜡烛。

图 1-1-2　灭火机器人

国际机器人奥林匹克竞赛是一项将科技与教育目标融为一体的亚太地区竞赛，目的是为了使更多的青少年有机会参加国际间的科技交流活动、展示自己的才华和能力，激发他们对科技和机器人世界的不懈探索精神。

FLL（First Lego League）是一个为全世界 9 ～ 16 岁的孩子们提供机器人竞赛的国际性组织，每年秋天，大赛组委会将统一在全球公布这年的 FLL 挑战赛（见图 1-1-3）主题。

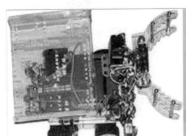

图 1-1-3　FLL 挑战赛

2002 年，我国开始举办 CCTV 全国大学生机器人电视大赛（见图 1-1-4），还有由教育部、科技部和中国自动化协会组织的面向全国高校和科研院所的全国机器人大赛。设有 RoboCup 机器人足球赛、RoboCup 救援比赛、RoboCup 家庭服务比赛、FIRA 足球机器人比赛、空中机器人比赛、水中机器人赛、机器人走迷宫比赛、机器人武术擂台赛、舞蹈机器人赛、双足竞步机器人比赛、机器人仿真赛等。大致分为任务型和竞赛型两种类型的比赛。

图 1-1-4　CCTV 全国机器人电视大赛

　　2008 年，天津市政府、教育部等 12 个省部级单位主办的首届全国职业院校技能大赛中高职组四个赛项中设有智能机器人项目，天津中德职业技术学院成功承办了该赛项。机器人大赛开始进入高职院校。

　　图 1-1-5 ～图 1-1-8 所示为各类机器人大赛的现场。

图 1-1-5　2008 年全国职业院校技能
　　　　　大赛机器人赛项

图 1-1-6　2011 年"中科"杯机器人
　　　　　技术应用大赛

图 1-1-7　RoboCup 机器人足球赛

图 1-1-8　机器人擂台争霸赛

　　机器人技术是一门跨多个学科的综合性技术，涉及自动控制、计算机、传感器、人工智能、电子技术和机械工程等。通过大赛对简单智能机器人的设计和制作，可以使学生比较熟练地掌握智能机器人的定义、结构，智能机器人传感器技术，智能机器人驱动技术，智能机器人位置控制技术，智能机器人的视觉技术基础，智能机器人计算机控制系统；学会编制控制智能机器人运动的软件，了解智能机器人系统的软硬件组成和工作原理。

"大家好，我是机器人诚诚，欢迎大家来到机器人体验中心！下面由我为大家讲解机器人展示区。"

导游服务机器人"诚诚"

在 2011 年的比赛中，专门开辟了机器人世界漫游之旅，这里展示了许多有趣的机器人，机器人"诚诚"将带我们一起来看看！

这个展示区将为大家展示机器人在教育领域中的广泛应用，为大家演绎机器人教学如何成为众多学科的实训载体以及课题研究方向。

首先进入朋友们视线的是，小舞台上的一群人形机器人——汉库小子，如图 1-1-9 所示。这是一组具有 17 个自由度的机器人，采用基于 IEEE 802.15.4 的 ZigBee 无线通信技术，无线通信距离可以达到 400 m。这些汉库小子们可以做到相互之间通信，同心协力完成任务。它们是参加各类人形机器人竞赛的得力干将。我们的机器人经过同学们的二次开发，马上就可以参加各类机器人大赛，比如：舞蹈项目、类人足球项目、双足竞步项目等。

图 1-1-9　汉库小子

下面你看到的是天津启诚伟业科技有限公司和天津中德职业技术学院共同设计研发生产的 TQD-08 型百变机器人实训平台，如图 1-1-10 所示。这款实训平台采用积木式百变拼接标准模块，通过对硬件模块任意搭接，对各类传感器进行应用，完成多种机器人功能。

单片机 AT89S52 以及 AVR Mega128 是这款机器人平台的控制器，好上手，易操作。通过机器人实训课程的学习，学生可完成机器人组装、搭接电路，编写控制程序，并通过 ISP 在线下载调试。

图 1-1-10　TQD-08 型百变机器人实训平台

同学们可以应用光电传感器制作避障机器人、应用超声波传感器制作探距机器人，应用火焰传感器探测火源位置，启动风扇和电动机工作，完成灭火机器人的功能，应用加速度传感器完成搏斗竞技机器人的功能，应用光杠丝杠等机械原理、应用射频无线通信技术完成无线遥控履带式运货铲车的功能。

天津高职院校、天津教委于 2009 年率先引进了风靡全球的 IEEE 国际标准嵌入式微型机器人走迷宫竞赛。俗称"电脑鼠走迷宫竞赛"，这款嵌入式微型机器人（俗称"电脑鼠"，见图 1-1-11）以 ARM7 Cortex TM-M3 为核心控制器，电脑鼠集感知、判断、行走功能于一体，它可以在"迷宫"中自动感知并记忆迷宫地理图，通过一定的算法优化寻找一条最佳路径，以最快的速度到达目的地。2010 年天津教委成功地举办了第一届天津高职高专嵌入式微型机器人走迷宫竞赛，天津共有 10 所高职院校 17 支精英级赛队角逐本届大赛，配套光盘里有比赛的精彩花絮。

图 1-1-11　电脑鼠

我们下面要介绍的是物联网、新能源技术与机器人有机结合（见图 1-1-12），从而达到便携、智能、交互的发展目标。提到物联网我们就一定会想到智能家居，试想一下：在未来的生活中，我们在下班的路上就可以通过手机命令保洁机器人做家务，命令电饭煲开始煮饭，热水器开始预热烧水等，一切尽在掌控之中！

风能实验平台	太阳能实验平台	太阳能机器人平台	燃料电池机器人平台
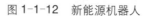			

图 1-1-12　新能源机器人

最受欢迎的是来自法国的人工智能机器人 NAO（见图 1-1-13），这个身高只有 58 厘米的小个子机器人一会儿模仿迈克尔·杰克逊的太空舞步，一会儿打太极拳，据说它已具备人类的情感智商。

NAO 机器人由 17 个关节组成，包括触摸、视觉、语音、陀螺仪及加速度计等多种传感器，同时具备人脸识别、语音识别、情感表达等多种智能特点为展示区带来亮点。下面就有请我们的外国友人 NAO 为大家带来精彩的表演！表演人脸识别、语音识别、情感表达的节目我们可以到光盘里看看。

图 1-1-13
人工智能机器人 NAO

NAO 让我们大开眼界，代表着中国职教界技能竞赛的脉络、文化、体验、探索精神，那我们就叫它"NIHAO"！
这么多有趣的机器人，太有意思了，可有点看起来都不像人嘛？什么是机器人呢？

世界机器人之父恩格尔伯格先生认为，机器人目前尚没有准确的定义，但有一点可以确定，即机器人不一定像人，但能替代人的工作。美国不仅将工业机器人和服务机器人看做是机器人，还将无人机、水下潜器、月球车甚至巡航导弹等都看做是机器人。

机器人技术是综合了计算器、控制论、机构学、信息和传感技术、人工智能、仿生学等多学科而形成的高新技术。它一般由机械本体、控制器、伺服驱动系统和检测传感装置构成，是一种综合了人和机器特长、能在三维空间完成各种作业的机电一体化装置。它既有人对环境状态的快速反应和分析判断能力，又有机器可长时间持续工作、精确度高、抗恶劣环境的能力，可以用来完成人类无法完成的任务，其应用领域日益广泛。

机器人太有用了，我们得好好学习，机器人是怎样发展到现在的呢？

1939 年，美国纽约世博会上展出了西屋电气公司制造的家用机器人 Elektro。

1942 年，美国科幻巨匠阿西莫夫提出"机器人三定律"。

1954 年，美国电子学家德沃尔研制出一种类似人手臂的可编程机械手。

1958 年，美国物理学家英格伯格与德沃尔联手，研制出世界上第一台真正实用的工业机器人，成立了世界上第一家机器人制造工厂"尤尼梅逊"公司，英格尔伯格因此被称为工业机器人之父。

1962 年，美国 AMF 公司生产出 VERSTRAN（意思是万能搬运），成为真正商业化的机器人。

1965 年，约翰·霍普金斯大学研制出"有感觉"的 Beast 机器人。

1968 年，美国斯坦福研究所公布他们研发成功的机器人 Shakey，可算是世界第一台智能机器人。

1969 年，日本早稻田大学研发出第一台以双脚走路的机器人。

1980 年，日本迅速普及工业机器人，该年被称为"机器人元年"。

1997 年，机器人足球世界杯赛横空出世。

1997 年 7 月自主式机器人车辆"索杰纳"（见图 1-1-14）登上火星。

1997 年 IBM 公司开发出来的"深蓝"战胜棋王卡斯帕罗夫，这是机器人发展的里程碑。

图 1-1-14 "索杰纳"火星自主式机器人

20 世纪末，特种机器人的研究出现热潮。

 任务二 机器人走进工业应用

 任务目标

1. 了解机器人技术在工业领域的应用；
2. 了解机器人技术的发展方向。

机器人作为现代制造业主要的自动化装备，已广泛应用于汽车、摩托车、工程机械、电子信息、家电、化工等行业，进行焊接、装配、搬运、加工、喷涂、码垛等复杂作业，如图 1-2-1 所示。据 1998 年统计，全世界机器人的拥有量达 72 万台。国际上生产机器人的主要厂家有：日本的安川电动机、OTC、川崎重工、松下、不二越、日立、法拉克；欧洲的 CLOOS（德国）、ABB（瑞典）、COMAU（意大利）、IGM（奥地利）、KUKA（德国）等。

图 1-2-1 工业机器人

全世界投入使用的机器人数量近年来快速增加，目前，日本实际装配的机器人总量占世界总量的一半。装配是日本机器人的最大应用领域（装配机器人见图 1-2-2，机器人月球车见图 1-2-3），它拥有的机器人占总数的 42%；焊接是应用的第二大领域，占机器人总数的 19%；注塑是第三大应用领域，占机器人总数约12%，机加工次之为 8%。

图 1-2-2 装配机器人

在汽车工业的应用中，机器人用于上料/卸料占很大数量。对于点焊应用来说，目前已广泛采用电驱动的伺服焊枪，丰田公司已决定将这种技术作为标准来装备国内和海外的所有点焊机器人，可以提高焊接质量，在短距离内的运动时间也大为缩短。就控制网络而言，日本汽车工业中最普遍的总线是 Device-Net，而丰田则采用其自行制定的 ME-Net，日产采用 JEMA-Net（日本电动机工业会网）。在日本汽车工业中是否会实现通信系统的标准化，目前还不能确定。另一方面，日本机器人制造商提出了一种"现实机器人仿真"（RRS）兼容软件接口。因此，目前日本汽车制造商（尤其是对于点焊应用）通过诸如 RoBCAD、I-Grip 等商用仿真软件，可以作出各种机器人的动态仿真。

图 1-2-3　月球车

美国科学家近日研制一种球体机器人，其最大的特点是可以帮助宇航员做各种辅助工作。它身上安装的传感器可以探知航天飞行器内部的气体成分、温度变化和空气压力状况。即使在失重状态下，这种机器人在计算器的指挥下也能自如地行走和工作，而且能帮助宇航员与地面控制中心联络，把有关信息输入计算机系统。

目前，中国已开发出喷漆、弧焊、点焊、装配、搬运等机器人如图 1-2-4 和图 1-2-5 所示，其中有 130 多台（套）喷漆机器人在 20 余家企业的近 30 条自动喷漆生产线(站)上获得规模应用，弧焊机器人已应用在汽车制造厂的焊装线上。

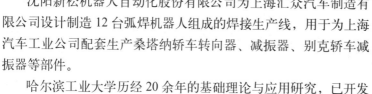

图 1-2-4　码垛机器人

沈阳新松机器人自动化股份有限公司为上海汇众汽车制造有限公司设计制造 12 台弧焊机器人组成的焊接生产线，用于为上海汽车工业公司配套生产桑塔纳轿车转向器、减振器、别克轿车减振器等部件。

图 1-2-5　物流机器人

哈尔滨工业大学历经 20 余年的基础理论与应用研究，已开发管内补口喷涂作业机器人、激光内表面淬火机器人、管内 X 射线检测机器人。这几种机器人已分别应用于"陕－京"天然气管线工程 X 射线检测、上海浦东国际机场内防腐补口、大庆油田内防腐及抽油泵内表面处理等重要的管道工程。

中国智能机器人和特种机器人在"863"计划的支持下，也取得了显着的成果。其中 6 000 m 水下无缆机器人的成果居世界领先水平，该机器人在 1995 年深海试验获得成功，使中国能够对大洋海底进行精确、高效、全覆盖的观察、测量、存储和进行实时传输，并能精确绘制深海矿区的二维、三维海底地形地貌图，推动了中国海洋科技的发展。

下面我们来看看几个具体的工业机器人。

1. 履带智能机器人 MT-FR

履带机器人（见图 1-2-6）是重要的机器人应用载体，能完成爬楼、越障、排险、巡检等功能，在社会各领域已经开始得到应用。在该机器人上可搭载各种科研、工业、军事用装备；两轴差动履带以及翻转臂运行机构，对于各种恶劣地形都有很强的适应能力。

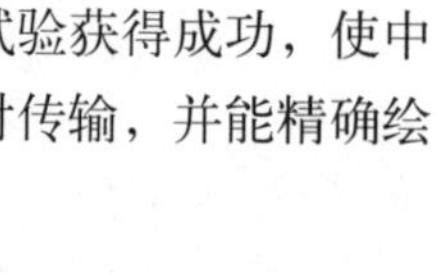

2. 模块化六自由度机械手臂

图 1-2-6　履带机器人

工业机器人是机器人的重要领域，大学生在未来走向社会并参加工作后将会体验到各种各样的工业机器人；熟悉了解最新的工业机器人技术特点和发展趋势，是学生们走向工作岗位前

必修的课程。工业机器人六自由度机械手臂（见图1-2-7）整体采用工业总线局域网控制，精确地实现抓取、搬运等功能；机器人各关节采用分布式控制原理，各关节基于CAN总线实现互联，可以根据应用需要进行模块化组合，体现未来工业机器人的柔性化发展趋势。

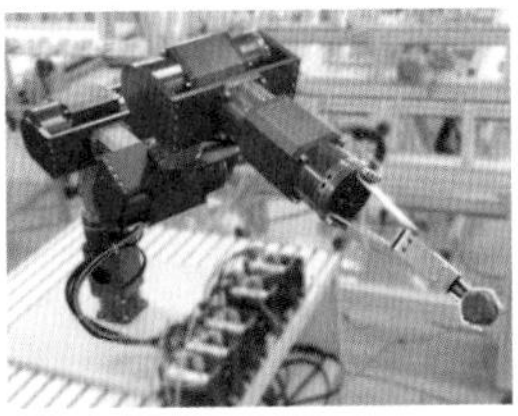

图 1-2-7　六自由度机器手臂

3. 自主导航智能车

自主导航智能车（即无人车，见图1-2-8）是未来机器人的发展方向之一，该机器人具备视觉导航、自定位、自主驾驶等功能，在危险区监测、军事等方面有应用前景。比如月球车，火星车，还有民用的搜救机器人等。

图 1-2-8　自主导航智能车

一个真正的机器人必须具备运动能力和适应能力，并逐步向人类思维方式靠拢，接受程序控制进行移动和完成各项工作。2001年，美国著名电影导演斯皮尔伯格在他的大片《人工智能》中，描述了这样一番场景：在未来，机器人与人生活在同一世界，它们看上去和真人没什么两样，坐卧自如，表达流利，会呼吸，有感情，一旦程序被激活，就能完成被赋予的各式各样的任务，也会爱人或被爱……

至今，人类研制机器人已有半个多世纪，机器人被应用于生产、生活和军事等多个领域。至于斯皮尔伯格的推断究竟何时能够实现尚不得而知，但有一点可以肯定，这种影响将日益扩大。

看了这么多，机器人向着什么方向在发展呢？可以分为几类呢？

(1) 机械结构向模块化、可重构化发展，部件构造上的标准化。

(2) 智能化表现为高性能的传感器，驱动器和执行器的研究与应用，机器人在特殊领域的具有逻辑推理、思维和自主决策能力；解决人和机器的协调共处；让机器人具有情感。

(3) 多机化，在生产领域向多机协调作业发展。

(4) 极限化，机器人向太空、深海、火山等极端恶劣环境进军。

(5) 家庭化，机器人向着服务人类这个方向在发展，服务类机器人有着广阔的空间。

(6) 微型化，机器人向着微型化的方向发展，解决一些人类无法进入的空间问题。

机器人按用途可以这样分类。

任务目标

1. 了解教学机器人：电脑鼠、开放机器人平台；
2. 了解机器人核心技术。

师傅，我也想学习机器人的知识，去参加比赛！

好啊，下面认识两款教学机器人，一款是启程的电脑鼠，一款是中科的机器人平台。

一、电脑鼠

电脑鼠是一个很好的教学载体，集多项知识、技术于一体，成功的设计者通常都是合作团体，需要综合考虑电子、电气、机械以及计算机各方面的问题。设计制作电脑鼠时需要用到机械工程、电子工程、自动控制、人工智能、程序设计、传感与测试技术等多项技术，需要跨专业合作完成。电脑鼠技术可以应用在工业机器人和特种机器人设计中，也可以将电脑鼠技术所涉及的知识、技术分别应用在其他相关领域。

电脑鼠对于提升在校学生的动手能力、团队协作能力和创新能力，促进学生课堂知识的消化和扩展学生的知识面都非常有帮助。

TQD-MicroMouse615（见图1-3-1）是由天津启诚伟业科技有限公司设计生产的一款电脑鼠，它具有以下一些特点：体积小，宽度只有迷宫格（见图1-3-2）的一半；五组可测距的红外线传感器，灵敏度方便现场调节；电动机为步进电动机，控制容易；电池为2200mA•h、7.4V的可充电锂电池；支持电池的电压监测，避免电能不足带来的麻烦；一个按键，完全满足了实际需要；为用户预留了6个GPIO口，一个串口，一个SPI接口。

该电脑鼠和迷宫可以用来初期调试学习使用，也可以用来作为学校课程设计、毕业设计和内部竞赛的比赛迷宫。

图 1-3-1　TQD-MicroMouse615 电脑鼠

图 1-3-2　电脑鼠迷宫

二、中科机器人平台

中科机器人平台是 2011 年全国职业院校技能大赛的通用平台，机器人平台共有三种型号，手动平台为 CRT−M100 型，自动平台有 2 种，CRT−A100 型（框架大小 600mm×500mm）和 CRT−A200 型（框架大小 600mm×350mm）。

自动机器人平台 CRT−A100 和 CRT−A200 配备了 2 台 24V DC、150r/min、70W 功率的直流减速电动机以及 16 路巡线传感器、巡线传感器信号处理板、处理器控制板、电动机驱动板；并提供了完整的机器人巡线算法以及控制程序，可以依靠地面白色引导线实现在比赛场地全场范围内的运动、定位；处理器控制板提供了充足的 I/O 接口。

手动机器人平台 RT−M100 配备了 2 台 24V DC、150r/min、70W 功率的直流减速电动机以及主处理器控制板、电动机驱动板；并提供了完整的机器人控制程序和方法。机器人平台的总体构成如图 1-3-3 所示，由主动车轮、从动车轮、铝合金框架、直流电动机、电池和电路板组成，自动平台的底部安装了 16 路巡线传感器。

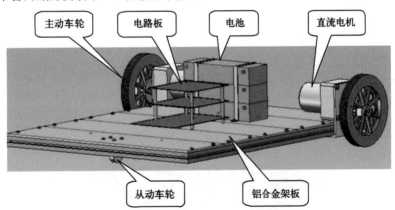

图 1-3-3　机器人平台的总体构成

机器人平台控制系统包含：16 路巡线传感器、传感器信号处理板、主控制板、电动机驱动板和其他待开发扩展部件组成。组成框图如图 1-3-4 所示。

图 1-3-4 中，点画线框中的部分是机器人平台已经配备的部分，其他部分需要参赛队在设计中根据所设计的上部机构的动作情况自行开发。

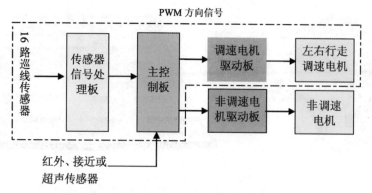

图 1-3-4　自动机器人平台控制系统组成框图

手动机器人平台控制系统包括主控制板、电动机驱动板和其他待开发扩展部件组成。组成框图如图 1-3-5 所示。

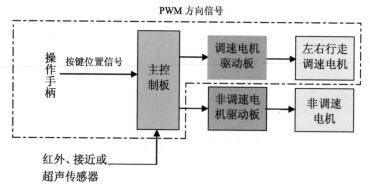

图 1-3-5　手动机器人平台控制系统组成框图

图 1-3-5 中，点画线框中的部分是机器人平台已经配备的部分，其他部分需要根据所设计的上部机构的动作情况自行开发。

机器人平台解决了机器人在比赛场地上运动的问题，在学习、比赛时可根据任务自行开发上部机构，包括储球箱，抓取、投放机构，再将它们与机器人平台组合在一起，组成完整的机器人，如图 1-3-6 所示。

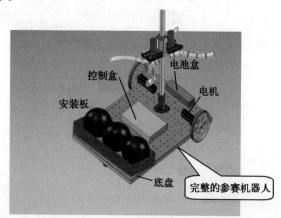

图 1-3-6　完整参赛机器人的组成

知识、技能归纳

了解机器人的一般概念，了解大学生机器人竞赛的主要内容形式，了解机器人在工业领域的应用及发展状况，了解电脑鼠及中科机器人平台的结构、特点。

工程素质培养

互联网是个好工具，在网络搜集你感兴趣的机器人的资料，了解更多关于机器人大赛或工业机器人、生活服务类机器人的发展情况以及机器人的最新技术动态，给身边的朋友讲一讲。

师傅，这两款机器人各有特点，我都想试试，我该从哪里做起呢？

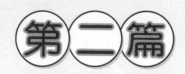

机器人核心技术应用

机械机构作为机器人的躯干，传感器赋予机器人的视觉、听觉和触觉等感觉，电动机驱动装置是机器人的肌肉和四肢，控制器就像机器人的大脑，软件作为机器人大脑的中枢神经，而人工智能算法则赋予机器人情感和智商。

机器人视觉 　　　　　机器人大脑
机器人语言 　　　　　机器人耳朵
机器人上肢

机器人手

机器人下肢

别急，下面我们一个个学习！

听起来这么复杂，我要好好学习，师傅快点教我吧！

 任务一　机器人机械机构

任务目标

了解机器人总体机械结构设计，能根据机器人的工作任务要求，选择合适的机构。

看到前面的介绍，既然机器人可以做这么多工作，我都想做一个机器人出来了。

首先我们需要学习机器人的机械结构，然后才能根据自己的需要选择合适的机械机构。

任务引入：阿宝想做出一个机器人，这个机器人能替代他做很多的工作，比如采摘、搬运、打扫卫生等。

子任务一　机器人机械构造

1900 年前的汉代，大科学家张衡不仅发明了地动仪，而且发明了计里鼓车。计里鼓车每行一里，车上木人击鼓一下，每行十里击钟一下。三国时期，蜀国丞相诸葛亮成功地创造出了"木牛流马"，并用其运送军粮，支援前方战争。1773 年，瑞士的钟表匠杰克·道罗斯和他的儿子利·路易·道罗斯，连续推出了自动书写玩偶、自动演奏玩偶等，这些玩偶有的拿着画笔和颜色绘画，有的拿着鹅毛蘸墨水写字，动作非常精准逼真。这些发明也就是早期的机器人了，在当时控制技术还没有得到发展的背景下，更能体现出了机械机构设计的重要性。

在控制技术飞速发展的今天，机械机构对于机器人能否顺利完成工作任务还起到至关重要的作用。在设计机器人之前就需要考虑机器人总体结构如何，使用哪些机构，各机构之间如何连接等问题。那么机器人由哪些部分组成？各部分又可采用哪些机构呢？

机器人种类繁多，结构也是多种多样，但总体而言，绝大部分机器人机械结构由移动装置、上肢部分和传动装置三大部分组成。移动装置相当于人的脚，机器人用它来"走路"；上肢一般包括机械手臂和手爪，它能模仿人手的动作，完成各种各样的工作；传动装置将驱动电动机的动力和运动传递到机器人的机械手部分，使机器人来完成各种工作，如图 2-1-1 所示。

图 2-1-1　机器人的三大结构

子任务二　移动装置常用机构

机器人的移动装置"五花八门"，有的机器人工作中不需要移动，就可以固定到机架上；有的像汽车一样依靠轮子滚动来前进；有的像一辆坦克，依靠履带移动；有的用两条、四条腿或者六条腿走路，也有靠身体蠕动而前进的……

1. 固定机构

如果机器人通过手臂转动就可以到达工作范围内，就不需要安装行走机构，机器人直接固定到机架上即可，大部分工业机器人都采用这种固定机构。如图2-1-2所示为喷漆机器人。

图2-1-2　固定机构的工业机器人

如果工作场地比较大，并且是平坦的硬地面，像水泥地、沥青地等，我们可以选用最简单的轮子作为机器人的脚。

2. 轮式机构

让机器人动起来最简单、最直接的方法就是给它装上轮子，即轮式机构。这种车轮式"脚"能高速稳定地运动，结构简单，操作方便，适用于在平坦地面上行走。图2-1-3所示为轮式机构。

图2-1-3　轮式机构

如果运动场地比较松软或是崎岖不平，可以选择与路面接触面积较大的机构，使压强减小，常采用履带机构。

3. 履带式机构

在野外凹凸不平或松软地面工作时，轮式机构运动起来会非常吃力。可以在轮子外面装上履带，增大其与路面的接触面积，即履带式机构。军用机器人和一些使用场所不固定的机器人常采用这种方式。图2-1-4所示为履带式机构。

图2-1-4　履带式机构

若机器人执行任务时需要攀爬楼梯等障碍物时，还可对履带机构的改进。图 2-1-5 所示的机构，采用行星齿轮传动，可实现履带的不同构形，以适应不同的运动和作业环境；图 2-1-6 所示的具有三节履带式结构的军用扫雷机器人，前后节均可以俯仰，能适合条件较为复杂的地理环境，机动灵活。

图 2-1-5　变位履带式机器人

图 2-1-6　三节履带式机器人

如果工作场地比较复杂，还可以选择与人或动物一样的足形机构，使运动形式更灵活。

4. 多足机构

若要求机器人的行走机构像人的双脚一样，可走、跑、跳，适用于多种路面行走，运动形式要求更灵活。可采两形足机构，图 2-1-7 所示的 NAO 机器人采用了两足机构。但是，两足步行机器人，行走时很难保持身体平衡，在制作和控制方面还具有相当大的难度。故可采用多足的运动形式，图 2-1-8 所示为美国 bigdog 机器人采用的四足机构，其具有很强的平衡能力；图 2-1-9 所示为采用六足机构，行走时只需六足中的三个足着地，就可达到运动平衡的六足机器人。

图 2-1-7　两足 NAO 机器人

图 2-1-8　四足 Bigdog 机器人

图 2-1-9　六足机器人

而对于一些在管道、海底、墙壁甚至人的血管等特殊场所工作的机器人来说，其运动机构就需要更加灵活。

5．其他运动机构

机器人还经常用于墙壁或玻璃的清扫、石油管道的疏通检查、海底探测，甚至人体血管作业等，所以运动机构也是多种多样，图 2-1-10（a）所示为能爬进人体血管的蠕动毛毛虫机器人，图 2-1-10（b）所示模拟壁虎攀爬的机器人。

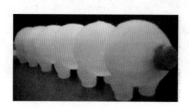

（a）毛毛虫机器人

（b）仿生壁虎机器人

图 2-1-10　其他运动机构

有了带动机器人行走的各种行走装置，机器人还需要有像人的胳膊一样的上肢来完成各项工作任务，下面我们就学习一下常用的上肢机构有哪些。

子任务三　上肢常用机构

机器人的上肢主要是为了取放物体，或拿着专用工具工作。机器人的上肢和人的上肢一样，一般由手臂和手爪组成；手臂完成移动和旋转动作，进行定位，手爪完成具体的操作。

一、机器人手臂机构

处在自由状态下的任何物体都具有 6 个自由度，即沿着 3 个直角坐标轴的移动和绕着 3 个坐标轴的转动。只要机器人的手臂能在空间某位置以及与物体方向相吻合的姿态去拿到物体就达到了目的。根据这一原则，机器人的手臂只须有相对应的 6 个自由度就可以了，当然为了使其更接近人的手臂的灵活性，也有很多超过 6 个自由度的机器人。

大部分机器人，尤其是工业机器人，手臂自由度一般都不超过 6 个，从技术观点出发，把机器人手臂的 6 个自由度分成两部分，即臂部确保 3 个自由度，决定其在空间的位置；腕部为 1 ～ 3 个自由度，决定它的姿态。有时候为了节约成本，还可能适当减少 1 ～ 2 个自由度。

根据机器人手臂在空间运动范围的不同形状，可把机器人手臂机构分为以下几种类型：

如果工作范围只有位置要求，而没有姿态要求，可以选用结构最简单的直角坐标型手臂机构。

1．直角坐标型手臂机构

这种机构由 3 个移动自由度组合而成，即机器人手臂的运动是沿着直角坐标的 x、y、z 三个轴方向的直线运动组成。如图 2-1-11 所示，其臂部只做伸缩、平移和升降运动，在空间的运动范围一般是一个长方体。

> 如果工作范围要求更灵活一些，要求包括整个圆周，直角坐标型手臂机构就不能满足要求了，可以采用工作范围是圆柱型的手臂机构。

2．圆柱坐标型手臂机构

这种机构由两个移动自由度和一个转动自由度组成。即机器人手臂的运动是通过沿着圆柱坐标系的中心轴 z 的上下方向的升降移动和以 z 轴为中心的左右旋转，以及沿着与 z 轴垂直的 x 轴方向的伸缩合成的，如图 2-1-12 所示。由于结构上的限制，它在空间的运动范围一般是一个不完全的中空圆柱形环体。

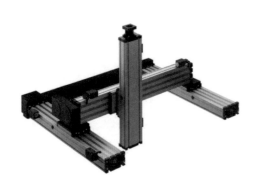 

图 2-1-11　直角坐标型手臂机构　　　图 2-1-12　圆柱坐标型手臂机构

> 如果手臂到达一个位置后，所在水平面的一个圆周内都是其工作范围，就需要选择范围是一个扇形圆环体了。可以采用极坐标型手臂机构。

3．极坐标型手臂机构

手臂由一个移动自由度和两个转动自由度组成。即机器人手臂的运动是通过绕极坐标系的中心轴 z 的左右旋转 ϕ_z 和绕着与 z 轴垂直的水平轴 Y 的上下摆动 ϕ_y，以及沿着 x 轴的伸缩合成的，如图 2-1-13 所示。它在空间的运动范围一般是一个不完全的中空的扇形圆环体。

> 如果手臂到达一个位置后，运动范围要去和人一样更广、更灵活，可以采用和人手臂一样的关节型手臂机构。

4．关节型手臂机构

由三个旋转自由度组成。机器人的手臂运动类似人的手臂，臂部可分为大臂、小臂。大臂与机座的连接称为肩关节，大、小臂之间的连接称为肘关节。手臂运动由大臂绕肩关节的旋转和俯仰运动，以及小臂绕时关节的摆动合成，如图 2-1-14 所示。

图 2-1-13　极坐标型手臂机构　　　图 2-1-14　关节型手臂机构

如果手臂到达一个位置后，其姿态一般由手腕决定，所以还需要了解一下手腕的机构。

5. 机器人手腕机构

机器人手腕一般有 1～3 个自由度，大都是旋转自由度，这是因为它的运动主要是为了决定手的姿态。其配置情况可视实际需要来决定。1 个旋转自由度时，一般绕末端臂杆轴线旋转；2 个旋转自由度时，则分别绕 2 个相互垂直的轴转动；3 个旋转自由度时，除了各自绕 3 个相互垂直的轴转动外，也有以其他方式组合的。

二、机器人手爪常用机构

机器人手爪部分，一般称为末端操作器，用电动机控制的机器人的手很难像人的手那样可以灵活地操纵物体，并且需要抓取的材料或工具形状、大小、重量和材质都不同，所以没有一种简单的设计能够适用于所有的工作需要，每种设计只能在某一方面比其他设计更有优势，手部通用性也比较差。所以手臂上需要有机械、电器、液压气动的接口，以根据工作需要安装不同结构的手爪。

根据手爪夹持方式不同，常用外夹式手爪、内撑式手爪、构形手指及气体或电磁吸盘机构。

1. 外夹式手爪机构

这种机构是最常用的手爪机构，对于夹持圆棒性、方形及球性物体都适用。手爪可采用平行手爪机构，将零件夹持在平面或 V 形表面之间，可以有一个或两个移动的爪片，如图 2-1-15 所示；也可采用伸缩手爪机构，使用薄膜、气囊等柔性夹持件，手爪工作时通过夹持件的伸长或收缩对零件施加摩擦力，这种机构对夹持物体损伤最小，如图 2-1-16 所示。

图 2-1-15　平行手爪机构

2．指状手爪机构

若夹持物不规则或有一些不易夹持的物体，可以采用类似人的手指的指状手爪机构。根据需要可采用单个手指或多个手指机构，如图2-1-17所示。

图2-1-16　气囊式手爪机构

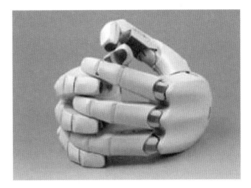

图2-1-17　指状手爪机构

3．气体或电磁吸盘机构

如果需要搬运大型板材、显像管等不宜夹持的物体，还可采用气体吸盘或电磁吸盘。用气体吸盘吸引的物体要求必须平整无凹槽，否则会造成漏气，吸不住物体；而电磁吸盘只适用于提取磁性材料。图2-1-18（a）所示为真空吸盘；图2-1-18（b）所示为电磁吸盘。

（a）真空吸盘

（b）电磁吸盘

图2-1-18　真空吸盘和电磁吸盘

子任务四　机器人传动机构

机器人内部还需要有将驱动器的运动和动力传递到运行及上肢机构的传动装置，使机器人到达正确的位置，并能正确地执行工作任务。这种装置及传动机构，机器人常用的传动机构有很多，可以通过机械传动机构传递，也可通过气体或液体传递。

传动机构没有好坏优劣之分，只能根据设计者的需要或加工条件选择合适的传动机构，也可以根据需要将几种传动机构配合使用。

1．皮带传动或链传动

它利用皮带或链条传递平行轴之间的回转运动，也可将回转运动转换成直线运动。有齿形带传动及滚子链传动机构等。

2．齿轮传动

齿轮传动方式有很多，可用直齿轮或斜齿轮传递两平行轴之间的回转运动，也可采用锥齿轮传动机构传递两相交轴之间的运动，还可采用齿轮齿条传动机构将回转运动转化为直线运动。

3．丝杠螺母传动机构

通过丝杠的转动，将回转运动转换为螺母的直线运动。并且丝杠螺母机构是连续的面接触，传动中不会产生冲击，传动平稳，无噪声，并且能自锁。

4．连杆传动

这种传动方式范围非常广，并且形式也多种多样，常用的有曲柄连杆机构、曲柄滑块机构等。既可以将回转运动转化为回转运动，也可以将回转运动转化为直线运动，并且结构简单，易于制作，图 2-1-19 所示为连杆机构的手爪。

图 2-1-19　连杆机构的手爪

5．流体传动机构

分为液压和气压传动，即利用液体和气体为媒介传递能量。液压传动驱动精度高、功率大，适用于搬运笨重物品的机器人上；气压传动成本低，容易达到高速，多用于完成简单工作机器人。但是如果使用液压或气压传动机构，机器人上需要安装液压或气压控制阀及气压、液压缸等装置，使机器人结构变得复杂。

知识、技能归纳

本任务中描述了机器人结构，机器人机械结构大都由移动装置、上肢部分和传动装置三大部分组成，移动装置常用机构有：固定机构、轮式机构、履带式机构、多足机构等仿生结构；机器人手臂机构分为：直角坐标型手臂机构、圆柱坐标型手臂机构、极坐标型手臂机构、关节型手臂机构、机器人手腕机构等；机器人手爪部分，一般称为末端操作器，根据手爪夹持的方式不同，常用外夹式手爪、内撑式手爪、钩形手指及气体或电磁吸盘机构；机器人常用的传动机构有皮带传动或链传动、齿轮传动、丝杠螺母传动、连杆传动、液压和气压传动机构等。

工程素质培养

学习机器人的机械结构知识，到我们的光盘中看看各种大赛的机器人的视频，看看它们的机械结构设计，能描述一下，给大家讲讲！

任务二 机器人传感器技术

任务目标

1. 了解机器人传感器的分类；
2. 掌握常用机器人传感器的结构、功能及特性；
3. 能够根据实际需要选择适合的机器人传感器，完成检测任务。

一般人类具有视、听、触、味、嗅五种感觉，传感器赋予机器人触觉、视觉和听觉等感觉，它的作用就是将前方是否有障碍物之类的外部信息，以及机器人已经前进多远、正朝哪个方向前进等内部信息检测出来并传给机器人。用于检测机器人外部信息的传感器称为外部传感器，用于检测机器人内部信息的传感器称为内部传感器。表 2-2-1 从机器人的各种感觉对传感器进行了分类。

表 2-2-1　机器人传感器分类

类　别	检测内容	应　用　目　的	传　感　器　件
明暗觉	是否有光，亮度多少	判断有无对象，并得到定量结果	光敏管、光电断续器
色觉	对象的色彩及浓度	利用颜色识别对象的场合	彩色摄影机、滤色器、彩色 CCD
位置觉	物体的位置、角度、距离	物体空间位置，判断物体移动	光敏阵列、CCD 等
形状觉	物体的外形	提取物体轮廓及固有特征，识别物体	光敏阵列、CCD 等
触觉	与对象是否接触，接触的位置	决定对象位置，识别对象形态，控制速度，安全保障，异常停止，寻径	光电传感器、微动开关、薄膜接点、压敏高分子材料
压觉	对物体的压力、握力、压力分布	控制握力，识别握持物，测量物体弹性	压电元件、导电橡胶、压敏高分子材料
力觉	机器人有关部件（如手指）所受外力及转矩	控制手腕移动，伺服控制，正确完成作业	应变片、导电橡胶
接近觉	与对象物是否接近，接近距离，对象面的倾斜	控制位置，寻径，安全保障，异常停止	光传感器、气压传感器、超声波传感器、电涡流传感器、霍尔传感器
滑觉	垂直于握持面方向物体的位移，旋转重力引起的变形	修正握力，防止打滑，判断物体重量及表面状态	球形接点式、光电式旋转传感器角编码器、振动检测器

下面我们从传感器在机器人中的不同用途来学习机器人传感器技术！

1. 微动开关

微动开关是具有微小接点间隔和快动机构，用规定的行程和规定的力进行开关动作的接点结构，用外壳覆盖，其外部有驱动杆的一种开关。它是一种根据运动部件的行程位置而切换电路工作状态的控制电器。微动开关的动作原理与控制按钮相似，部件在运行中，装在其上撞块压下微动开关的驱动杆，使其触点动作而实现电路的切换，达到控制运动部件行程位置的目的。

如图 2-2-1 所示，微动开关包括传动器、外壳、接点、速动机构和端子五大部件。

微动开关的输出是 0 和 1 的高低电平变化，当与外部物体接触并有足够的压力时单片机所能测到的电平是由高电平变为低电平的。

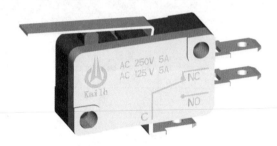

图 2-2-1　微动开关外观图

微动开关属于接触式传感器，常常为机器人提供触觉。但当微动开关受到连续的振动和冲击时，产生的磨损粉末可能导致接点接触不良和动作失常、耐久性下降等问题，也不适用于高温、潮湿、高粉尘、易燃易爆气体环境，因此微动开关不适用于极限作业机器人传感器。

2. 光电接近传感器

光电接近传感器是利用光的各种性质，检测物体的有无和物体表面状态变化的传感器。

光电接近传感器与其他传感器相比具有：检测距离长、对检测物体的限制少、响应时间短、分辨率高、可实现非接触检测等优点。

光电传感器主要分为：对射型、回归反射型、扩散反射型 3 类，如图 2-2-2 所示，大多光电传感器使用可视光（主要为红色，也用绿色、蓝色来判断颜色）和红外光。

图 2-2-2　各类光电接近传感器外观

光电传感器由一组红外发射和接收器组成，能用来检测物体表面的反射率，对不同颜色的表面进行检测，完成检测功能。它是通过把光强度的变化转换成电信号的变化来实现控制的。

在一般情况下，光电传感器由三部分构成，它们分别为：发送器、接收器和检测电路。发送器对准目标发射光束，发射的光束一般来源于半导体光源，发光二极管(LED)、激光二极管及红外发射二极管。光束不间断地发射，或者改变脉冲宽度。接收器由光电二极管、光电三极管、光电池组成。在接收器的前面装有如透镜和光圈等光学元件，在其后面是检测电路，它能滤出有效信号和应用该信号，如图 2-2-3 所示。

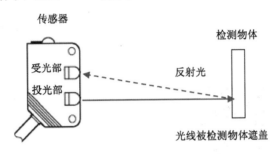

图 2-2-3　光电接近传感器原理示意图

电脑鼠 TQD-MicroMouse615 上共有 5 组红外线光电接近传感器，用于测试墙壁信息和测量距离，每组红外线传感器由红外线发射和红外线接收设备组成。其中红外接收头设备是一体化红外线接收头。通过下面的学习我们要掌握其工作特性，学会如何产生红外线的调制信号，并能使用一体化红外线接收头传感器进行测距。

利用五组红外传感器检测一定范围内的障碍物，即可以判断一定距离的范围内是否存在障碍物。左右两侧的传感器加入一项功能，能够粗略判断障碍物的远近距离。即可以指示出没有障碍物、检测到障碍物和障碍物靠得太近三种状态，如图 2-2-4 所示。

下面我们来学习红外线光电接近传感器的工作原理，红外检测电路是用于迷宫挡板的检测，分为左方、左前方、前方、右前方、右方五个方向，五个方向的传感器电路原理相同，检测电路如图 2-2-5 所示，为一体式红外线接收传感器，其型号为 IRM8601S。该接收头内部集成了自动增益控制电路、带通滤波电路、解码电路及输出驱动电路。该接收头对载波频率为

38 kHz 的红外线信号最为敏感，当它检测到有效红外线信号时输出低电平，否则输出高电平。W1 与 RF1 组成红外线发射电路，控制红外线发射的端口连接到微控制器。RF1 为红外发射头，W1 为限流可调电阻，用来调节发射红外线的强度。在五组传感器里，RF1、RF3、RF5 共同连接到微控制器 PE0 端口；RF2、RF4 共同连接到 PB0 端口。红外接收头 U1 ～ U5 的输出信号分别连接到微控制器的 PB1 ～ PB5 端口。

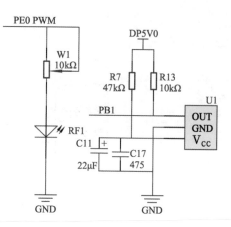

图 2-2-4　光电接近传感器在电脑鼠的应用　　　图 2-2-5　红外线传感器检测电路

子任务二　用传感器检测物体的颜色

1. 灰度传感器（用于循迹和地面检测）

灰度检测传感器主要用于检测地面不同颜色的灰度值，例如在灭火比赛中判断门口白线，在足球比赛中判断机器人在场地中的位置，在各种轨迹比赛中循轨行走等，如图 2-2-6 所示。

灰度检测传感器主要由一个光敏电阻和一个发光二极管组成。其中光敏电阻是由一种特殊的半导体材料制成的电阻器件，它应用了半导体材料的光电效应原理。当无光照射时，光敏电阻（暗电阻）值很大，电路中暗电流很小；当光敏电阻受到一定波长范围的光照射时，它的电阻（亮电阻）急剧减小，电路中光电流迅速增大。

以图 2-2-7 所示 Buddy Robot X100 型擂台机器人灰度检测传感器为例进行介绍，地面灰度深，光敏电阻值大；地面灰度浅，光敏电阻值小。然后，将阻值的变化转变成电信号，通过机器人主板上的模拟口输入到机器人微控制器，再由微控制器中的 A/D 转换器将电信号转换成数值。地面颜色越深数值越大，地面颜色越浅数值越小。

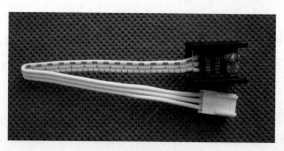

图 2-2-6　灰度检测传感器　　　　　　　　图 2-2-7　擂台机器人

图 2-2-8、图 2-2-9 是灰度检测传感器的电路图和引脚说明。

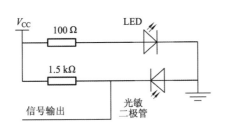

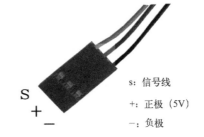

S：信号线

+：正极（5V）

−：负极

图 2-2-8　灰度检测传感器电路图　　　　图 2-2-9　灰度检测传感器引脚说明

注意：

（1）根据它的工作原理，是光敏探头根据检测面反射回来的光线强度，来确定其检测面的颜色深浅，因此测量的准确性和传感器到检测面的距离是有直接关系的。在机器人运动时机体的振荡同样会影响其测量精度。

（2）外界光线的强弱对其影响非常大，会直接影响到检测效果，在对具体项目检测时注意包装传感器，避免外界光的干扰。

（3）检测面的材质不同也会引起其返回值的差异。

2. 光纤传感器

光纤传感器包括由一束光纤构成的光缆和一个可变形的反射表面。光通过光纤束投射到可变形的反射材料上，反射光按相反方向通过光纤束返回。如果反射表面是平的，则通过每条光纤所返回的光的强度是相同的。如果反射表面因与物体接触受力而变形，则反射的光强度不同。用高速光扫描技术进行处理，即可得到反射表面的受力情况。

光纤触觉及光纤握力觉传感器是安装于机器人触须及机械爪握持面的光纤微弯力觉传感器。利用光纤微弯感生的由芯模到包层模的耦合，使光在芯模中再分配，通过检测一定模式的光功率变化来探测外界对之施加压力的大小。

可将光纤单元设置在危险场所，将放大器单元设置在非危险场所进行使用。由于电气设备的爆炸或火灾的发生，必定是因为同时存在危险环境和火源。由于光能不会成为火源，所以不会引起爆炸和火灾。但是，由于透镜、本体外壳、光纤的包层等使用的是塑料，遇到溶剂后会造成腐蚀或劣化（模糊等），所以不能使用。其中火源是指在危险场所，带有能引起爆炸的能量的电火花和高温部。

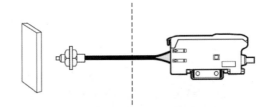

图 2-2-10　光纤传感器　　　　图 2-2-11　光纤传感器在危险场所的应用

光纤传感器在机器人检测领域应用广泛，在工业机器人中常被用做颜色检测，如分别用于检测 LED 颜色、有色电缆识别、药物颜色分配检测、彩色印刷对比等。

3．色标传感器

色标传感器常用于检测特定色标或物体上的斑点，它是通过与非色标区相比较来实现色标检测，而不是直接测量颜色。色标传感器实际是一种反向装置，光源垂直于目标物体安装，而接收器与物体成锐角方向安装，让它只检测来自目标物体的散射光，从而避免传感器直接接收反射光，并且可使光束聚焦很窄。白炽灯和单色光源都可用于色标检测。OMROM E3MV 型色标传感器外观如图 2-2-12 所示，其输出方式有两种，图 2-2-13 是色标传感器 NPN 型的接口电路，PNP 输出型参见光盘资料。在传感器对面安装传感器时，因为会发生相互干扰现象，所以在安装时，请勿将两边传感器的光轴相对。

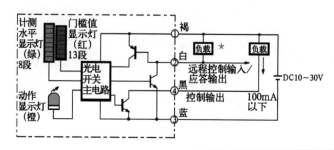

图 2-2-12　色标传感器　　　　　图 2-2-13　色标传感器输出接口电路

以白炽灯为基础的传感器用有色光源检测颜色，这种白炽灯发射包括红外线在内的各种颜色的光，因此用这种光源的传感器可在很宽的范围内检测颜色的微小变化。另外，白炽灯传感器的检测电路通常都十分简单，因此可获得极快的响应速度。然而，白炽灯不允许振动和延长使用时间，因此不适用于有严重冲击和振动的场合。

子任务三　其他传感器的应用

1．光电编码器

光电编码器（见图 2-2-14）属于机器人内部传感器，在工业机器人中应用十分广泛。光电编码器是一种集光、机、电为一体的数字化检测装置，它具有分辨率高、精度高、结构简单、体积小、使用可靠、易于维护、性价比高等优点。

光电编码器主要用于速度或位置（角度）的检测。典型的光电编码器由码盘（Disk）、检测光栅（Mask）、光电转换电路（包括光源、光敏器件、信号转换电路）、机械部件等组成。

图 2-2-14　光电编码器

一般来说，根据光电编码器产生脉冲的方式不同，可以分为增量式（见图 2-2-15）、绝对式以及复合式三大类。按编码器运动部件的运动方式来分，可以分为旋转式和直线式两种。由于直线式运动可以借助机械连接转变为旋转式运动，反之亦然。因此，只有在那些结构形式和运动方式都有利于使用直线式光电编码器的场合才予使用。旋转式光电编码器容易做成全封闭式，易于实现小型化，传感长度较长，具有较强的环境适应能力。

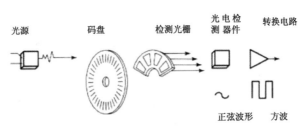

图 2-2-15　光电编码器原理

2．声音传感器

听觉也是机器人的重要感觉器官之一。由于计算机技术及语音学的发展，现在已经部分实现用机器代替人耳。它不仅能通过语音处理及辨识技术识别讲话人，还能正确理解一些简单的语句。

机器人听觉系统中的听觉传感器基本形态与传声器相同，这方面的技术已经非常成熟。因此关键问题还是在于声音识别上，即语音识别技术。它与图像识别同属于模式识别领域，而模式识别技术就是最终实现人工智能的主要手段。声音传感器如图 2-2-16 所示。通常把一片驻极体膜紧贴在一块金属板上，另一片驻极体膜相对安放，中间为 10μm 的薄空气层，构成一个驻极体传感器。

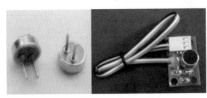

图 2-2-16　声音传感器外观图

3．力觉/压觉传感器

压觉传感器安装于机器人手指上、用于感知被接触物体压力值大小的传感器。如图 2-2-17 所示，压觉传感器又称压力觉传感器，可分为单一输出值压觉传感器和多输出值的分布式压觉传感器。

绕度传感器（见图 2-2-18）又称柔性力传感器，此外能够测量压力、转矩等物理量，工作原理是基于金属导体的应变效应，即金属导体在外力作用下发生机械变形时，其电阻值随着所受机械变形（伸长或缩短）的变化而发生变化。

图 2-2-17　手爪上的压觉传感器

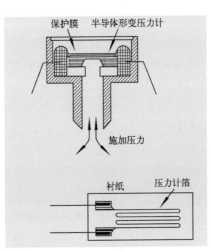

图 2-2-18　绕度传感器原理

现有压觉传感器一般有以下几种：

（1）利用某些材料的压阻效应制成压阻器件，将它们密集配置成阵列，即可检测压力的分布；

（2）利用压电晶体的压电效应检测外界压力；

（3）利用半导体压敏器件与信号电路构成集成压敏传感器；

（4）利用压磁传感器和扫描电路与针式接触觉传感器构成压觉传感器。

4. 超声波传感器

超声波传感器（见图 2-2-19）是通过送波器将超声波向对象物发送，通过受波器接受这种反射波，来检测对象物的有无和距离对象物的距离。通过计算从超声波发信到受信为止所需要的时间和声速的关系，来计算传感器和对象物之间的距离。根据机器人的需要可以选择 4～20 mA 或 0～10 V 模拟量输出的传感器，也可是超声波开关，接口电路如图 2-2-20 所示。

图 2-2-19　超声波传感器

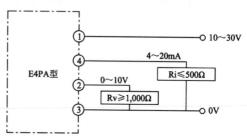

图 2-2-20　超声波传感器接口电路

> 超声波模块由发送传感器（或称波发送器）、接收传感器（或称波接收器）、控制部分与电源部分组成。

由于超声波指向性强，能量消耗缓慢，在介质中传播的距离较远，因而超声波经常用于距离的测量，如测距仪和物位测量仪等都可以通过超声波来实现。利用超声波检测往往比较迅速、方便、计算简单、易于做到实时控制，并且在测量精度方面能达到工业的要求，因此在移动机器人研制上也得到了广泛的应用。

5. 视觉传感器（形状、颜色、位置）

视觉传感器是组成智能机器人最重要的传感器之一。目前机器人视觉多数是用电视摄像机和对信号进行处理的运算装置来实现的，由于其主体是计算机，所以又称计算机视觉。机器人视觉硬件主要包括图像获取和视觉处理两部分，而图像获取由照明系统、视觉传感器、模拟-数字转换器和帧存储器等组成。

机器人视觉传感器的工作过程可分为四个步骤：检测、分析、绘制和识别。视觉信息一般通过光电检测转化成电信号。常用的光电检测器有摄像头和固态图像传感器。

摄像头（见图 2-2-21）是一种典型视觉传感器，机器人通过对摄像头拍摄到的图像进行图像处理，来计算对象的特征量（面积、重心、长度、位置、颜色等），并输出数据和判断结果。

图 2-2-21　摄像头

机器人视觉是机器人具有视觉感知功能的系统。机器人视觉可以通过视觉传感器获取环境的二维图像，并通过视觉处理器进行分析和解释，进而转换为符号，让机器人能够辨识物体，并确定其位置。机器人视觉广义上称为机器视觉，其基本原理与计算机视觉类似。计算机视觉研究视觉感知的通用理论，研究视觉过程的分层信息表示和视觉处理各功能模块的计算方法。而机器视觉侧重于研究以应用为背景的专用视觉系统，只提供对执行某一特定任务相关的景物描述。根据功能不同，机器人视觉可分为视觉检验和视觉引导两种。

 ## 知识、技能归纳

机器人传感器在机器人的控制中起了非常重要的作用，正因为有了传感器，机器人才具备了类似人类的知觉功能和反应能力。根据检测对象的不同可分为内部传感器和外部传感器。内部传感器是用来检测机器人本身状态（如手臂间角度）的传感器，多为检测位置和角度的传感器；外部传感器是用来检测机器人所处环境（如什么物体，离物体的距离有多远等）及状况（如抓取的物体是否滑落）的传感器。具体有物体识别传感器、物体探伤传感器、接近觉传感器、距离传感器、力觉传感器，听觉传感器等。

工程素质培养

学习机器人的传感器知识，能认识不同传感器在机器人中的不同作用吗？能根据机器人的需要去选择合适的传感器吗？到一些专业公司的网站上去查查资料，给大家讲讲机器人一些最新的传感器的应用情况。

▶ 任务三 机器人电动机驱动技术

任务目标

1. 了解机器人常用电动机，掌握机器人直流减速电动机、步进电动机、伺服电动机的基本工作原理、功能及特性；
2. 学习直流减速电动机、步进电动机、伺服电动机在机器人技术中的应用；
3. 能够根据实际需要选择适合的机器人电动机驱动装置，完成驱动任务。

电动机是机器人中最常使用的动力源。无论是轮式、履带式、人形机器人，还是工业机器人最常使用的驱动装置，抑或是电动机。机器人电动机大体上有步进电动机、直线电动机、直流伺服电动机、交流伺服电动机、大力矩低速电动机以及最近几年出现的超声波电动机和 HD 电动机等几种。

步进电动机主要用于机器人肩臂旋转步进驱动，其功率范围较小，一般在 10 W 左右。

直流伺服电动机可用于机器人的伸缩、摆动、升降、旋转、弯曲、开闭等运动部位，其代表品种有印刷绕组电动机、线绕盘式电动机、杯形转子电动机以及小惯量电动机等。

交流伺服电动机在机器人中的应用情况与直流伺服电动机相同，但交流伺服电动机与直流伺服电动机相比，功率大、过载能力强，无电刷，环境适应性好，因而交流伺服电动机是今后机器人用电动机的发展方向。

低速电动机主要用于系统精度要求高的机器人。通常为了提高功率体积比，伺服电动机一般具有高转速，经齿轮减速后带动机械负载。由于齿轮传动间隙存在，使系统精度不易提高，若对功率体积比要求不十分严格，而对于精度有严格的要求，则可取消减速齿轮，采用大力矩的低速电动机，配以高分辨率的光电编码器，及高灵敏度的测速发电动机，实现直接驱动。

环形中空伺服电动机具有低速大转矩的特点，使用在机器人的关节处，无须齿轮减速，可直接驱动负载，因而可大大改善功率重量比，并可利用其中空结构传递信息。

HD 电动机（High Density Motor）是一种小型大转矩（大推力）化的电动机，电动机可直接与负载联结，故可应用在系统定位精度要求高的机器人产品中。

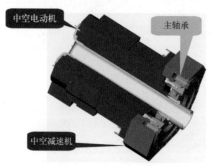

图 2-2-22　中空电动机

子任务一　直流减速电动机在机器人中的应用

1. 直流减速电动机的简介

直流减速电动机（见图 2-3-2），即齿轮减速电动机，是在普通直流电动机的基础上，加上配套齿轮减速箱。齿轮减速箱的作用是提供较低的转速，较大的力矩。同时，齿轮减速箱不同的减速比可以提供不同的转速和力矩。减速电动机通常也可称为齿轮马达或齿轮电动机。

直流减速电动机节省空间、可靠耐用、承受过载能力高、能耗低、性能优越、效率高、振动小、噪声低，节能性好。一般而言同样的体积直流电动机可以输出较大功率，直流电动机转速不受电源频率限制，

图 2-3-2　直流减速电动机

速度控制只要控制电压，较容易实现。但是电动机上的碳刷使用一段时间会磨损消耗，须尺快更换，电枢也会磨损。

直流减速电动机怎样选型呢？

2. 直流减速电动机在机器人中的应用

直流减速电动机是机器人重要的驱动装置，通过电动机转动带动轮子的转动，实现机器人的移动，既可以前进后退，又可以左转右转。在使用中，通过电动机驱动卡的控制，可以调节电动机转速的快与慢，从静态到最高速转动的过程中有 0~1 000 段的速度调节。在 Buddy Robot x100 擂台机器人平台中给出几种不同参数的直流减速电动机，如表 2-3-1 所示。

我们应选择低转速、高扭矩、大功率的直流减速电动机，我们在选择电动机时应注意电动机的工作电压，空转电流，堵转电流，减速比，空载转速的参数来满足不同比赛的要求。我们在中科 CRT-A100 和 CRT-A200 机器人平台上应选择 2 台 24 V，转速为 150 r/min、功率为 70 W 的直流减速电动机。

表 2-3-1　不同直流减速电动机的参数

参数＼系列	标准电动机系列		高扭矩电动机系列			竞赛专用电动机系列Ⅰ			竞赛专用电动机系列Ⅱ		
工作电压 /V	12		12			12			12		
空转电流 /A	<0.1		<0.3			<0.6			<0.8		
堵转电流 /A	2.5		2.9			9			25		
减速比	1:23	1:43	1:23	1:30	1:43	1:23	1:30	1:43	1:23	1:30	1:43
空载转速	380	230	430	330	230	665	510	355	850	650	450
图例											

子任务二　步进电动机在机器人中的应用

1. 步进电动机简介

步进电动机（见图 2-3-3）是将电脉冲信号转变为角位移或线位移的开环控制元步进电动机件。在非超载的情况下，电动机的转速、停止的位置只取决于脉冲信号的频率和脉冲数，而不受负载变化的影响，当步进驱动器接收到一个脉冲信号，它就驱动步进电动机按设定的方向转动一个固定的角度，称为"步距角"，它的旋转是以固定的角度一步一步运行的。可以通过控制脉冲个数来控制角位移量，从而达到准确定位的目的；同时可以通过控制脉冲频率来控制电动机转动的速度和加速度，从而达到调速的目的。

图 2-3-2　步进电动机

步进电动机的种类有很多，其中常用的是永磁式步进电动机、反应式步进电动机和混合式步进电动机，另外还有感应子式步进电动机和单相式步进电动机。

鹤师兄，步进电动机应该怎样选择？

步进电动机的种类有很多，你先别急，让我慢慢道来！

步进电动机有步距角、静转矩及电流三大要素。一旦三大要素确定，步进电动机的型号便确定下来了。

步距角的选择：电动机的步距角取决于负载精度的要求，将负载的最小分辨率（当量）换算到电动机轴上，每个当量电动机应走多少角度（包括减速）。电动机的步距角应等于或小于此角度。一般采用二相 0.9°/1.8°的电动机和细分驱动器即可。

第二篇　机器人核心技术应用

33

静力矩的选择：步进电动机的动态力矩一下子很难确定，我们往往先确定电动机的静力矩。静力矩选择的依据是电动机工作的负载，而负载可分为惯性负载和摩擦负载两种。单一的惯性负载和单一的摩擦负载是不存在的。直接起动时两种负载均要考虑，加速起动时主要考虑惯性负载，恒速运行只要考虑摩擦负载。一般情况下，静力矩应为摩擦负载的两三倍为好，静力矩一旦选定，电动机的机座及长度便能确定下来。

电流的选择：静力矩一样的电动机，由于电流参数不同，其运行特性差别很大，可依据矩频特性曲线图，判断电动机的电流（参考驱动电源及驱动电压）。综上所述选择电动机一般应遵循以下步骤，如图 2-3-4 所示。

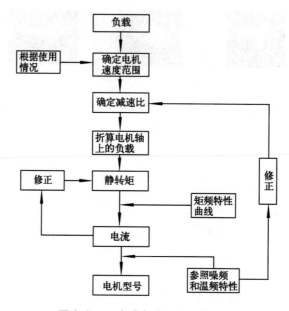

图 2-3-4　步进电动机的选择步骤

步进电动机的步距角表示的是控制系统每发一个步进脉冲信号，电动机所转动的角度，真正的步距角和驱动器有关。步进电动机的相数是指电动机内部的线圈组数，目前常用的有二相、三相、四相、五相步进电动机。电动机相数不同，其步距角也不同保持转矩是指步进电动机通电但没有转动时，定子锁住转子的力矩。

一般步进电动机的精度为步进角的 3% ~ 5%，且不累积。步进电动机外表允许的最高温度。步进电动机的力矩会随转速的升高而下降。步进电动机低速时可以正常运转，但若高于一定速度就无法启动，并伴有啸叫声。

步进电动机应由专用的驱动电源来供电，由驱动电源和步进电动机组成一套伺服装置来驱动负载工作。步进电动机的驱动电源主要包括边频信号源、脉冲分配器和脉冲放大器等三个部分，如图 2-3-5 所示。

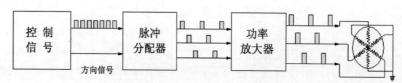

图 2-3-5　步进电动机驱动电源

师傅，快点介绍一个步进电动机在机器人中的实际应用吧！

好，下面我们以TQD-MicroMouse615电脑鼠为例，来介绍步进电动机！

2. 步进电动机在机器人中的应用

在 TQD-MicroMouse615 上有两个两相四线制的步进电动机。行走能力指的就是电动机，当电动机收到信号时，系统必须判断是否能同步行走，遇到转角时，转弯的角度是否得当，一个好的电动机驱动程序，可以减少行走时所需要做的校正时间。判断能力的关键就在于传感器，它的地位如同人类的双眼，一个好的传感器驱动程序，可避免一些不必要的错误动作，如撞壁、行走路线的偏移等。

TQD-MicroMouse615 的硬件连接图如图 2-3-6 所示，即 MOTOR_R（右电动机）驱动电路图。图 2-3-7 所示为驱动芯片和步进电动机的接线图。四个输入控制端口 IN11、IN12、IN21、IN22 分别连接到控制器 LM3S615 的 PD0、PD1、PD、PD3 四个端口。

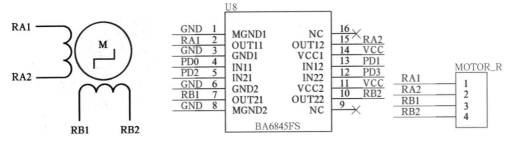

图 2-3-6　步进电动机接线图　　　　　图 2-3-7　电动机的驱动电路

TQD-MicroMouse615 的驱动是两相四线制步进电动机驱动时序，它的驱动步进电动机的时序主要有单拍驱动、整步驱动、半步驱动和微步驱动。在这里主要介绍单拍驱动、整步驱动和半步驱动，如图 2-3-8 所示。表 2-3-2 所示为 TQD-MicroMouse615 的三种驱动方式的比较。

（a）单拍驱动　　　　　　　（b）整步驱动　　　　　　　（c）半步驱动

图 2-3-8　步进电动机驱动时序

表2-3-2　驱动方式比较

驱动类型	步进角度	功率损耗	特　性
单拍驱动	7.5°	P	1. 功率损耗小；2. 步进时易产生错乱
整步驱动	7.5°	2P	1. 功率损耗最大；2. 温度上升快；3. 转矩较大；4. 步进时较稳定
半步驱动	3.75°	1.5P	1. 特性介于单拍驱动和整步驱动之间；2. 步进角度是原步进角的一半；3. 最高的极限速度减小

 注意：

　　步进电动机区别于其他电动机的最大特点，是通过输入脉冲信号来控制，即电动机的总转动角度由输入脉冲数决定，而电动机的转速由脉冲信号频率决定。

子任务三　伺服电动机在机器人中的应用

　　伺服电动机包括直流伺服电动机和交流伺服电动机。其中直流伺服电动机可分为有刷和无刷电动机，有刷直流伺服电动机成本低，结构简单，启动转矩大，调速范围宽，控制容易，需要维护，但维护方便，会产生电磁干扰，对环境有要求。无刷直流伺服电动机体积小，重量轻，功率大，响应快，速度快，惯量小，转动平滑，力矩稳定。容易实现智能化，其电子换相方式灵活，可以方波换相或正弦波换相。电动机免维护不存在碳刷损耗的情况，效率很高，运行温度低且噪声小，电磁辐射很小，寿命长，可用于各种环境。

　　交流伺服电动机（见图2-3-9）可分为同步和异步交流伺服电动机。

　　在机器人上伺服电动机的选型和计算方法上应先确认 转速和编码器的分辨率，其次是电动机轴上负载力矩的折算和加减速力矩的计算。计算负载惯量，惯量的匹配，再有就是电阻的计算和选择，对于伺服，一般 2 kW 以上，要额外配置。

　　伺服电动机在选择上应考虑电动机的最高转速、惯量匹配问题及计算负载惯量、空载加速转矩、切削负载转矩连续过载的时间。

图2-3-9　伺服电动机

　　在机器人中我们采用脉宽调制方式（Pulse Width Modulation，PWM）来调整电动机的转速和转向。脉宽调制是通过改变发出的脉冲宽度来调节输入到电动机的平均电压，也就是机器人提供给电动机的信号是方波，通过不同方波的平均电压不同来改变电动机转速。伺服电动机在机器人的制作中使用得极为普遍。大多数伺服电动机能够转动90°～180°。有的可以转动360°或更大的角度。不过，伺服电动机不能持续转动，也就是说它们不能用做驱动轮（除非经过改装），但是它们的精确定位能力使其成为机器人臂和腿、齿条和齿轮驱动，以及传感器扫描等方面的理想装置。因为伺服电动机自身包含了速度和角度控制回路，很容易执行。

　　舵机（见图2-3-10）是机器人常用的伺服电动机，早期是应用在航模中控制方向的，后来有人发现这种机器的体积小、重量轻、扭矩大、精度高，由于具备了这样的优点，很适合应用在机器人上作为机器人的驱动。舵机简单地说就是集成了直流电动机、电动机控制器和减速器等，并封装在一个便于安装的外壳里的伺服单元。能够利用简单的输入信号比较精确地转动给定角度的电动机系统。

舵机安装了一个电位器（或其他角度传感器）检测输出轴转动角度，控制板根据电位器的信息能比较精确地控制和保持输出轴的角度。这样的直流电动机控制方式称为闭环控制，所以舵机更准确地说是伺服马达，英文为 Servo。

按照舵机的转动角度分为180°舵机和360°舵机。180°舵机只能在0°～180°之间运动，超过这个范围，舵机就会出现超量程的故障，轻则齿轮打坏，重则烧坏舵机电路或者舵机里面的电动机。360°舵机转动的方式和普通的电动机类似，可以连续的转动，不过我们可以控制它转动的方向和速度。

按照舵机的信号处理分为模拟舵机和数字舵机，它们的区别在于，模拟舵机需要给它不停地发送 PWM 信号，才能让它保持在规定的位置或者让它按照某个速度转动，数字舵机则只需要发送一次 PWM 信号就能保持在规定的某个位置。PWM 脉宽调制是通过改变发出的脉冲宽度来调节输入到电动机的平均电压，也就是机器人提供给电动机的信号是方波，通过不同方波的平均电压不同来改变电动机转速。

机器人有许多个关节，每一个关节我们称为一个自由度。一般的机体，都有十几个自由度，这样才能够保证动作的灵活性。在机器人机体上，我们通常使用舵机作为每一个关节的连接部分。它可以完成每个关节的定位和运动。舵机的控制信号相对简单，控制精度高，反应速度快，而且比伺服电动机省电。这些优点是非常突出的。

图 2-3-11 所示的人形机器人的结构比较复杂，由 17 个伺服电动机（舵机）构成。机器人的舵机分布：舵机在机器人中的安装位置不同，所发挥的用处也不同。小型双足机器人的技术关键主要包括三部分：其一是控制系统，其二是伺服舵机，其三是机械结构件。由于需要控制的对象比较多，我们在此采用分布式集总控制方式，将每个伺服电动机作为独立的被控对象，用一个主 CPU 对它们进行控制。图 2-3-12 所示为人形机器的 32 路舵机控制板。

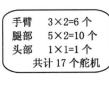

手臂　3×2=6 个
腿部　5×2=10 个
头部　1×1=1 个
共计 17 个舵机

图 2-3-10　舵机外观

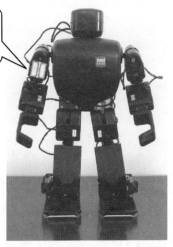

图 2-3-11　人形机器人上的舵机

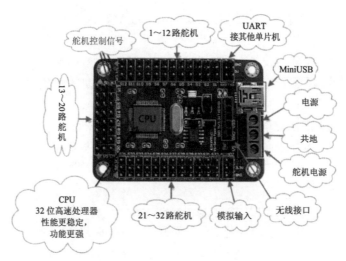

图 2-3-12 人形机器的 32 路舵机控制板

由于每个舵机采用 PWM 的控制格式，所以主 CPU 通过 17 根信号线分别连接 17 个舵机，向每个舵机发送控制信息。信息采用角度格式，即 PWM 信号的宽窄表示舵机的角度，通过实时向舵机发送位置数据进行速度控制。

 知识、技能归纳

常见的机器人电气驱动器主要有以下几种：直流伺服电动机、步进电动机和交流伺服电动机，本任务里重点介绍了步进电动机和舵机的应用。步进电动机是将电脉冲信号变换为相应的角位移或直线位移的元件，它的角位移和线位移量与脉冲数成正比。转速或线速度与脉冲频率成正比。在负载能力的范围内，误差不长期积累，步进电动机驱动系统可以在较宽的范围内，通过改变脉冲频率来调速，实现快速起动、正反转制动。作为一种开环数字控制系统，在小型机器人中得到较广泛的应用。舵机是人型机器人控制动作的动力来源，主要是由外壳、电路板、无核心马达、齿轮与位置检测器所构成，由机器人的主控板发出 PWM 信号给舵机，经由舵机电路板上的微处理器做出相应的处理，判断转动方向，再驱动电动机开始转动，同时由位置检测器送回信号，判断是否已经到达定位。

 工程素质培养

学习机器人的电气驱动器，能说明不同电动机在机器人中的不同作用，能根据机器人的需要去选择合适的电动机。到一些专业公司的网站上去查查资料，给大家讲讲机器人最新的驱动电动机的应用情况。

▶ 任务四 机器人控制技术

 任务目标

1. 了解机器人常用微控制器的种类和功能特点；
2. 能够根据不同的任务要求合理地选择控制器。

师傅，通过前面的学习，我终于知道机器人的外形是怎样设计的了！可如何让它动起来呢？快点讲讲吧！

别急，别急！听我慢慢道来！

机器人之所以能智能行走，就在于它有一个会思考的"大脑"——控制器（控制系统组成框图见图 2-4-1）。机器人的控制系统以控制器为核心，处理来自按键、开关、传感器等输入元件的"感知"，进行判断、思考后，产生控制命令，进而能够指挥指示灯、显示器、发声器、继电器、电动机等输出元件按照程序规定动作，规范自己机械机构的行为动作。由此可见，控制器就是机器人的信息处理中心，其功能的强弱直接决定了机器人性能的优劣。

图 2-4-1　机器人控制系统的组成框图

目前机器人控制器发展迅速，种类繁多，呈现出百家争鸣的格局（见图 2-4-2），各种控制器的功能各异，各有特点。但它们芯片内部至少都集成了 CPU、程序储存器（ROM）、数据存储器（RAM），输入 / 输出接口，功能强大的还集成了电动机驱动电路、视频解码电路、A/D 转换器、无线传输电路等，只有具备了这些内部资源才能完成机器人的控制功能。本书根据机器人控制器的应用领域将其分为三类：低级单片机控制器、高级嵌入式系统控制器、高速PLC 工业机器人控制器。

图 2-4-2　各种机器人微控制器芯片

师傅，这么多的控制器，制作机器人时，应该如何选择呢？

对于不同类型的机器人，如竞赛机器人与工业机器人，控制系统就有较大差别，一般而言，小型和微型的机器人可以用微控制器控制，复杂的工业机器人需要高速PLC控制器来完成。在选择时我们主要考虑：

（1）此款控制器制造商或销售商是否能够提供完整的、有条理的学习资料和开发技术应用文档，编程语言是否易学易懂。

（2）此款控制器周边附件产品是否齐全，比如各种传感器、无线数传模块、显示设备等，相应的程序源代码是否公开。

（3）这是不是一个普及型的控制器（对全世界而言），制造商是否有较大影响力，有一定的研发实力，可以不定期推出新产品，为日后升级做保障。

（4）控制器的性能对于你开发的机器人是否够用，例如ADC（数模转换器）、PWM（脉冲宽度调制）、单独定时器、RAM（随机存储器）、执行指令速度等。

需要考虑这么多因素呀！师傅还是举几个例子让我体会一下吧！

好，别急，下面我们学习几个控制器系统设计的案例。

子任务一　单片机系统控制器

单片机，指甲盖大小的集成电路芯片就是一个功能非常全的微型计算机系统，配上很少的简单外部电路就可以组成一个最小系统，要实现复杂的控制输出也很容易，价格却很低，所以非常适合用做小型和微型机器人的控制。

目前，国内比较流行的单片机微控制器有 AT89 系列、AVR 系列、PIC 系列、STC 系列、MSP430、凌阳等，它们各具特点，各有优势，在各种类型机器人中的应用真是太广泛了，这里仅举几个典型的应用。

设计一个具有寻迹避障功能的机器人——"宝贝车"

1．任务描述

小型移动车式智能控制机器人是机器人入门的理想平台，天津启诚科技有限公司开发的该系列产品——"宝贝车"，它具有以下功能：巡线功能——宝贝车可以在一种颜色场地上，寻找到色差较大的轨迹线，并沿轨迹运动；宝贝车跟踪——宝贝车可以通过远距离探测传感器发现物体，并迅速向物体靠近，当物体离开传感器探测范围后，宝贝车可以自动左右寻找。

2．任务分析

在任务的描述中，我们可以看出"宝贝车"机器人需要完成的功能比较简单，只要具有"感知"、"控制"和"执行"三大功能即可，"感知"可以借助各种传感器和感应元件采集相关信息；"执行"通过电动机实现机器人的运动；"控制"通过单片机最小控制系统实现。

3．微控制器解决方案

考虑到该系统不需要采集模拟量和控制大功率外部元件的，任务简单，可以选择大家熟知的 AT89 系列的 AT89S52 单片机作为主控制器。AT89S52 是制作机器人入门首选的单片机，它相对于早期的 C51 单片机有一个强大易用的功能——ISP 在线编程功能，这个功能使得改写单片机存储器内的程序时不需要把芯片从工作环境中剥离，降低了开发成本；芯片内部具有：8 KB Flash，256 B RAM，32 位 I/O 口线，看门狗定时器，2 个数据指针，3 个 16 位定时器 / 计数器，一个 6 向量 2 级中断结构，全双工串行口，片内晶振及时钟电路。完全可以实现"宝贝车"需要的寻迹和避障的任务，控制系统的解决方案如图 2-4-3 所示。

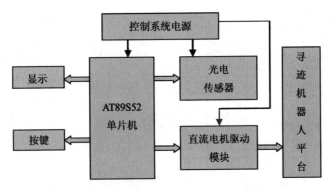

图 2-4-3 "宝贝车"机器人 AT89S52 单片机控制系统方案

"宝贝车"机器人控制系统主要由单片机、光电传感器、直流电动机驱动模块、开关和电源等组成，结构简单，"感知"部分最多用 5 个光电传感器就可以承担机器人检测障碍物的功能，分别安装在左、左前、中、右前、右五个位置，需要占用 5 个 I/O，"执行"的两个电动机最少需要 4 个 I/O，加上一些电源开关，显示和中断接口，I/O 资源仍有富余，一般我们要求单片机的 I/O 要有 30% 冗余，可见 AT89S52 控制简单寻迹机器人还是很轻松的。

若是考虑在此功能上进行扩展。比如安装指南针模块，使得机器人可以识别方向；安装三维加速度模块和蓝牙模块，可以实现加速度测量与传输等，AT89S52 就稍显得能力有限，此时我们就要考虑更换核心控制器。启诚科技为了适应不同程度的扩展功能，为"宝贝车"还量身定制了另外一块 AVR 的核心板，功能较 AT89S52 强大得多，使得你能编写更复杂的程序、存储更多的动态数据、连接更多的外设，其带有 16 个传感器接口，其中有 8 个接口可以兼容模拟信号的输入。还具有 4 个直流减速电动机接口、1 个液晶屏接口、2 个恒速电动机接口、2 个 RS232，是机器人设计的理想选择。我们借助启诚这个平台，就可以顺利地进行二次开发，制成各种不同功能的机器人，如搬运机器人、铲球机器人、相扑机器人、履带吊装机器人等（见图2-4-4）。

图 2-4-4　启诚科技 TQD 拼接式机器人套件制作的机器人实例

TQD 拼接式机器人套件提供 AVR（MEGA48、MEGA16、MEGA128）与 51 两种单片机核心板，参赛队可根据本队实际选择任意一款核心板，制作的机器人要求能在图 2-4-5 所示的场地实现两个机器人的探险、避障、寻迹、货物转运接力等任务，有关比赛的具体介绍见配套光盘。

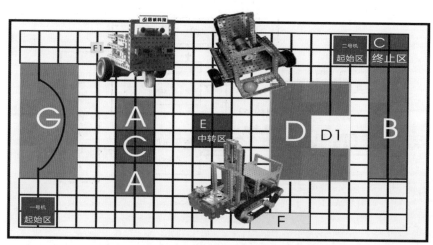

图 2-4-5　天津市 2008 年机器人比赛场地

阿宝，如果你是一个机器人爱好者，绝对不会满足于仅仅设计一个按固定程序运行的机器人吧，让师傅再来教你用 AVR 单片机来赋予机器人生命……

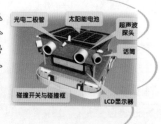

1. 任务描述

设计一个智能机器人宠物，它可以是一个小型履带式机器人，带有太阳能板，能感受光线强弱，障碍物距离和碰撞，具有语音识别功能，要能实现以下效果：白天，阳光明媚，机器人跑到阳光底下晒太阳，太阳光会随着时间变化，机器人能自动跑到最合适的位置享受日光浴。到了晚上，机器人会找个安静的地方闭目养神，等待明天太阳升起。你可以训练机器人，让它知道自己叫什么名字。比如你叫着它的名字，同时站在它面前用强光照射它的太阳能电池板，如此反复训练，会使机器人听到自己名字后向声源方向跑去，在距离声源一定远处停止，因为以往这样做它都能享受强光照射并充电。这就如同真正的宠物，试想你学习一天，回到寝室，叫一声 TONY，你的机器宠物转身飞快跑向你，那种感觉只有宠物的创造者才能体会……

2. 任务分析

机器宠物要想实现上面的功能，程序设计较复杂，涉及光电检测、自动充电、语音识别、超声波测距、键盘（4个碰撞开关）、LCD 液晶显示、电动机驱动等多项任务（见图 2-4-6）。"寻光和避障"可以借助光电传感器采集相关信息由单片机最小系统控制实现；"执行"可以通过 LG9110 电动机驱动芯片控制电动机实现；"语音"可以通过 2 个 LM386 音频功放芯片实现；"显示"可以采用通用 1602 模块。

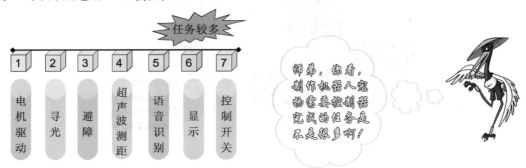

图 2-4-6　机器人宠物的任务分解

3. 微控制器解决方案

这一切如果使用传统的 51 单片机，往往速度和内部资源上会显得"力不从心"，不适合处理这么多的任务和动态数据存储。AVR 单片机适合进行快速复杂运算，可靠性高、功能强，是典型高性能单片机。它具有以下特点：

① ISP 在线编程功能。

② 速度快。废除了 51 单片机中机器周期，采用精简指令集，故可高速执行。AVR 的 32 个寄存器可相当于 51 单片机的 32 个累加器，克服了 51 系列单片机只有单一累加器数据处理造成的瓶颈现象，在复杂运算时，如果晶振频率相同，AVR 的速度是 51 单片机的 12 ～ 24 倍；

③ 丰富的片内资源。AVR 系列单片机内部集成了多路 A/D 转换器、电压比较器、ISP、I^2C、JTAG 总线电路、UART 串口、大功率 I/O 口、看门狗等实用电路，

④ 价格便宜。功能强大得已经让 51 系列单片机望尘莫及了，价格却很便宜，比如 ATmega8 价格为 8 元左右。

⑤ 种类齐全。ATmegaAVR 高、中、低档 5 类单片机，它们都基于同一核心技术，但在内部集成的电路多少上有不同。不论你要做简易巡线机器人还是带视频处理的复杂机器人，都有一款合适的 AVR 单片机能满足你的需要。

为了节约成本，此款机器人采用中低档的 ATmega16 单片机做控制器，单片机的 8 路 A/D 通道和其余 24 个 I/O 接口都被使用，系统的控制器解决方案如图 2-4-7 所示。完成寻光的任务，可以采用光电二极管来检测光线强弱，为了找准光源，需要安装 5 个，占用 5 路 A/D 通道。语音识别任务的完成可以用 ATmega16 单片机的高速 A/D 检测功能能实现简单的语音识别，为了让单片机判断出声源的大体方位，可以使用 2 路声音信号，只占用 2 路 A/D 通道。超声波测距任务的实现，采用 ATmega16 的 1 个 I/O 口输出 40 kHz 信号送至超声波发射电路，当超声波遇到障碍物返回后，被超声波接收头接收，信号经解码芯片处理，得到一个低电平脉冲，用该脉冲引发 ATmega16 单片机中断，ATmega16 通过检查发波和收到回波之间的时间差即可算出障碍物距离。若想机器人移动必须安装电动机，为了节省 I/O 资源，可以选择 LG9110 电动机驱动芯片驱动两台直流减速电动机，各需要 2 条控制线与单片机 I/O 口相连即可。

图 2-4-7　ATmega16 控制器解决方案

以上方案中，ATmega16的功能被发挥到极致，以至于没有空闲的I/O口，系统不能再扩展了。如果你使用 ATmega128 单片机，那么它拥有 53 个 I/O 口，30 多个中断，128 KB 的程序存储器，4 KB 的 RAM，使得你能编写更复杂的程序、存储更多的动态数据、连接更多的外设，你的机器人宠物将变得非常有生命力。比如加入三轴加速度传感器、地磁传感器、GPS 定位、雨水传感器甚至摄像头、无线通信模块等，重新设计一个坚固和强劲的底盘，你的机器人就可以在室外自由探索了。

提示：
　　此外还有一些其他常见的用于机器人控制的单片机，如PIC系列，它小而功能强悍、速度较51单片机也快得多，移植性好、抗干扰能力强，使得多款竞赛机器人中都被采用，比如广茂公司的机器人——能力风暴、飞思卡尔智能车等，无论是做关节电动机控制，还是做较复杂的机器人控制都可胜任。MSP430-16位超低功耗的单片机，集成了比较丰富的片内外设，开发工具也比较简单，价格也相对低廉，并且也可以在线编程，还可以做机器人的控制器。限于篇幅，有兴趣的读者可以查找网络或参照配套光盘的介绍。在配套光盘中有本章芯片的详细数据手册，它将帮助大家很好地学习和使用这些微控制器！

子任务二　嵌入式系统控制器

　　机器人控制器采用8位和16位单片机虽最为常见，但其处理速度和内部外设是无法与32位控制器相比拟的，编程都需要从底层代码开始做起，而且没有操作系统。当需要实现复杂的机器人行为控制的要求时，比如视频采集、无线通信等，如果采用AVR中档单片机还是有些吃不消的，同一个机器人往往需要用多个CPU来实现，系统复杂，稳定性差。为此我们需要考虑更加高级的控制器——ARM嵌入式微控制器。

师傅，什么是ARM嵌入式微控制器？

📖阅读材料：

　　最近，嵌入式系统、嵌入式微处理器这类概念用得越来越多，究竟什么是嵌入式系统呢？嵌入式系统应该是以应用为中心，以计算机技术为基础，其软硬件可配置，对体积、功耗、可靠性、成本有严格约束的一种专用系统。嵌入式系统一般由嵌入式微处理器、外围硬件设备、嵌入式操作系统、应用程序四部分组成，实现对其他设备的控制、监视、管理等功能。狭义而言，人们一般把宿主设备中的专用的、使用者不可见的微处理器系统，成为嵌入式系统，从这个意义上讲，单片机系统也是初级的嵌入式系统。而我们这里所说的嵌入式系统控制器专指ARM 32位微控制器。

　　ARM是英国微处理器行业的一家知名企业，专门从事基于RISC技术芯片的设计开发，公司本身并不直接生产芯片，而是将这种技术作为知识产权转让给世界各大半导体生产商，由合作公司生产各具特色的具有ARM微处理器内核的微控制器——ARM微控制器。ARM微控制器以其强大的功能在嵌入式系统的应用领域中独占鳌头，约占市场份额的75%，将ARM 32位嵌入式系统控制器应用于机器人的设计中，机器人的智能化、网络化、小型化必将会有明显提高。

让我们从"电脑鼠"机器人走迷宫竞赛来学习ARM嵌入式系统微控制器在机器人中的应用吧！

　　嵌入式微型机器人走迷宫竞赛中的微型机器人实际上也是使用微控制器、传感器和机电运动部件构成的一种智能电动小车，俗称"电脑鼠"，它可以利用其"肢体"、"感官"和"脑"的协调工作在不同"迷宫"中高速穿梭，自动记忆和选择路径，采用相应的算法，快速抵达目的地，赢得比赛，如图2-4-8所示。

图2-4-8　"电脑鼠"机器人走迷宫

1. "电脑鼠"机器人任务分析

从比赛的任务要求来看,一只设计优秀的"电脑鼠"要求微控制器必须同时具备探测、分析、行走、转弯、加减速和制动等多种功能,控制器的任务繁重,实时响应要求高,具体分析如下:

(1)检测:电脑鼠微控制器需要处理众多传感器的反馈信息,如利用红外传感器测量距离,测试墙壁信息,使用霍尔传感器测试车轮转速以控制转速和测量路程等。

(2)避障:电脑鼠在迷宫中行走,微处理器需要根据红外传感器的探测结果,分析处理墙壁信息,驱动电动机带动轮子产生相应的动作,随时调整自身位置,达到稳定准确快速的避障目的。

(3)智能行走:电脑鼠在迷宫中行走,微处理器需要根据霍尔传感器测试的车轮速度信息,驱动电动机带动轮子产生相应的动作,达到在迷宫中直行、转弯、加减速和制动等智能行走的目的。

(4)人工智能算法:电脑鼠走迷宫竞赛的整个过程可大体分为两个部分:一、搜索迷宫,从起点出发,找到终点并找出一条最短路径;二、冲刺,从起点开始,在最短时间内到达终点。搜索迷宫过程是电脑鼠学习的过程。冲刺过程前需要在所有走过的通路中依据自己的原则选择一条路径作为最短路径,这是一个决策过程。这种人工智能算法的采用,使得微控制器广泛涉及大量信号存储、分析以及处理。

通过上面的分析我们可以看出,微处理器的选择是电脑鼠赢得比赛的关键之一。几乎所有的信息,包括墙壁信息,位置信息,角度信息和电动机状态信息等都需要经过微处理器处理并做出相应的判断;所有的数据分析,算法实现和执行指令的发出等都需要由微处理器来完成。由于需要实时控制以保证电脑鼠的速度和灵敏度,必须要求处理器有足够快的中断处理能力和运算能力,另外还需要有足够的数据和代码存储空间,必须采用 ARM32 嵌入式微控制器。

2. 嵌入式微控制器的解决方案

TQD-MicroMouse615 电脑鼠,采用的微控制器是 ARM 处理器——LM3S615(见图 2-4-9)。LM3S615 是 Luminary Micro 公司生产的首款基于 ARM Cortex-M3 的微控制器。该控制器将先进灵活的混合信号片上的系统集成优势同无以伦比的实时多任务进行了完美结合,拥有 ARM 微控制器所具有的众多优点。

图 2-4-9　LM3S615 微控制器

(1)高速低功耗。地址空间达 2^{32}B,即 4 GB,中断延迟短,响应快速,运算速度达到 90MIPS,具有 32 位的 RISC 性能,可兼容 Thumb-2 指令集(降低内存的需求量),32 KB 单周期 Flash。

(2)芯片内部资源丰富。集成向量中断控制器(包含 29 个中断,8 个优先级)、3 个 PWM 发生器,2 个 8 通道的 10 位 ADC、另外还有 SRAM、定时器、UART 和丰富的 I/O 等。

(3)广泛使用的开发工具,众多的用户群体,片上系统(SoC)的底层结构 IP 的应用。

(4)性价比高。成本具有了与 8 位和 16 位器件相近的价格。

(5)另外 Luminay 公司提供了丰富的函数库,只要懂 C 语言就能开发,大大降低了LM3S615 的编程难度,调试成本低。

师弟,你看LM3S615的内部资源多丰富,具有快速中断处理和程大运算能力啊!

图 2-4-10 所示为 LM3S615 微控制器内部结构框图，它主要适合面向需要高级控制处理和连接功能的低成本应用。该控制器在存储容量和运算速度方面都能满足电脑鼠系统设计的要求，应用 LM3S615 还可以在走迷宫的基础上拓展更加复杂的控制，比如增加按照光线引导行驶的功能，显示全程行驶时间的功能等，具体的解决方案如图 2-4-11 所示。

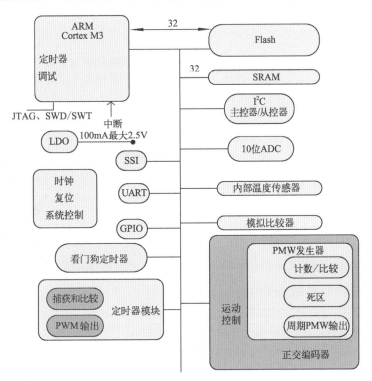

图 2-4-10　LM3S615 微控制器内部结构框图

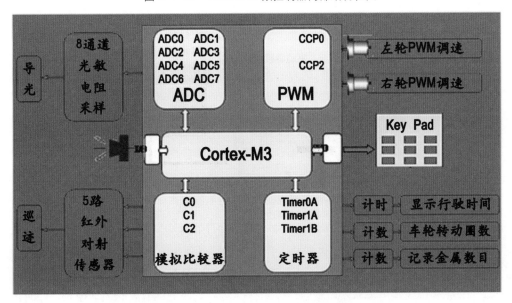

图 2-4-11　电脑鼠 LM3S615 微控制器解决方案

从图中可以看出，微控制器模块和其他模块共同构成了一个闭环的反馈控制系统，通过对路程信号、岔口信号和姿势修正信号的检测，经由 LM3S615 进行运算，再将结果赋给电动机执行，由此实现电脑鼠的智能穿越迷宫。前方五组可测距的红外线传感器，灵敏度高，方便现场调节；电动机为步进电动机，控制容易。LM3S615 运算速度快，外设丰富，仍然预留了 6个 GPIO 口，一个串口，一个 SPI 接口（键盘显示接口）。

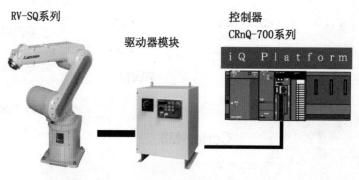

嵌入式系统微控制器真是让我们大开眼界，我一定要学习这种技术！

好徒弟！前面介绍的都是针对教育型和竞赛型机器人的控制器，而工业机器人一般采用PLC控制，让我们来学习一下吧！

子任务三　高速PLC系统控制器

三菱的垂直多关节型 RV-SQ 系列工业机器人采用的控制器就是高速 PLC，控制系统一般由控制器和驱动模块构成。Q PLC 具有完整的运动控制功能，通过高速度的背板，处理器与伺服接口模块进行通信，从而实现高度的集成操作及位置环和速度环的闭环控制。完全能够满足高性能工业机器人的要求，如图 2-4-12 所示。

RV-SQ系列　　　　　　　　控制器
　　　　　　　　　　　　　　CRnQ-700系列
　　　　　　驱动器模块

图 2-4-12　三菱垂直多关节工业机器人

控制器与本体之间采用 2 种专用电缆，一种为马达动力所使用，另一种为编码器信号所使用。

高性能工业机器人的动态特性包括其工作精度、重复能力、稳定度和空间分辨度等。不但要实现 PTP 控制 (Point to Point Control)，而且还要实现 CP 控制（Continuous Path Control）。采用 PLC 的控制接线简单，只需通过运动控制指令便可实现对机器人的运动控制，同时由于PLC 在多轴运动协调控制、网络通信方面功能强大，使控制机器人成为现实。

三菱机器人在使用Q系列PLC作为机器人控制器时，一般包含以下模块，如图2-4-13所示。

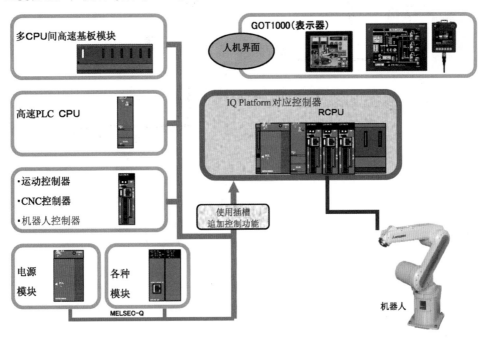

图 2-4-13　三菱 Q 系列 PLC 机器人控制器

（1）电源模块：Q-PLC 的电源模块，为 PLC 提供电源；作用是将交流电源转变为直流电源，供 PLC 的其他部分模块使用。

（2）CPU 模块：相当于大脑，信息的相关处理工作主要是由它完成。

（3）I/O 模块：输入/输出信号集中处理模块，外面提供了接线端口，与外界的通信电缆相联。

（4）CC-Link 模块：属于开放式设备级网络；主要是将一个控制器连接至多个不同的设备，同时降低配线成本并且增加额外的功能。

（5）以太网模块：属企业级网络，用于一个工厂中各部门之间的信息传递；利用该网络可以建立连接与 SCADA 及其他产品和质量控制管理系统相连。

（6）网络/信息处理模块：其功能主要是采用 MELSET/H 专用指令，制作除循环通信以外的数据收发程序。控制站/通用站使用。

（7）人机界面：三菱 GOT 系列人机界面可以轻松连接机器人，观察、监控机器人的工作状况。

CC-Link 是 Control & Communication Link 的简称，是一种可以同时高速处理控制数据和信息数据的现场网络系统。工业机器人的控制模块在整个工业现场机器人控制中起着至关重要的作用。

使用 Q 系列高性能 PLC 作为机器人的控制器，可使得控制器结构更为紧凑，接线变得简单；Q 系列 PLC 产品丰富，因此可以使用最适合的模块，相比以前的机器人，可以使用更多功能，模拟量模块、温度模块等各种模块都可以被使用，丰富的产品群，所以可以构建柔性系统；另外可以用 GOT 直接控制、监控机器人；在使用 Q 系列 PLC 作为控制器时，以前产品的很多附件功能，都作为标准品搭载了，用户构建系统的成本降低了，扩展性增强了，如图 2-4-14 所示。

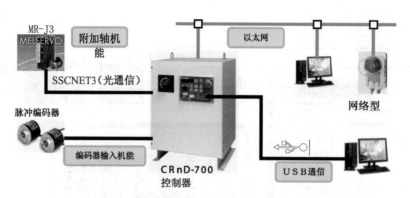

图 2-4-14　机器人 PLC 控制器各种机能接口标配搭载

　　Q 系列高性能 PLC 机器人控制器可实现 3D 模拟功能，可以模拟 Robot 的动作，指定程序可以与现实 Robot 控制器在相同条件下进行模拟；也可以模拟 Robot 控制器的输入/输出信号，再现实际的系统和相同的程序运行。可模拟干扰检测，只须选择画面中的对象，就可以进行 Robot 和周边设备的干扰检测。而且，可以保存干扰发生时情况（干扰物品名，干扰时的程序执行行，Robot 的位置等）；可以显示 Robot 的运行轨迹；可以使用秒表来测定 Robot 的周期；为了通过教学箱执行 Robot 的 JOG 操作，可以使用 SolidWorks 里显示的 Robot，如图 2-4-15 所示。

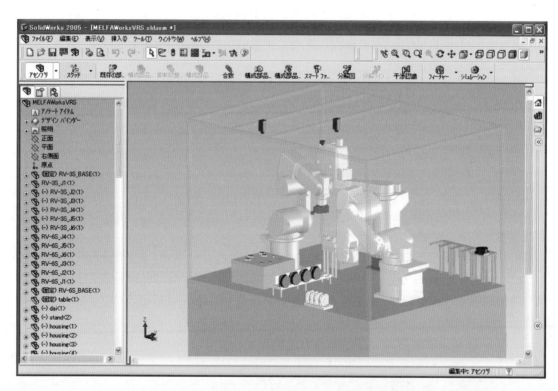

图 2-4-15　机器人 PLC 控制器各种机能接口标配搭载

✍️ 知识、技能归纳

　　本任务中描述了机器人控制系统组成，常用三类机器人控制器：单片机微控制器、嵌入式系统微控制器、高速 PLC 微控制器。每类控制器中都有很多不同的型号，要掌握典型的微控制器的结构、功能特点以及应用领域。应能根据不同的任务要求合理地选择控制器的类型，使控制器资源充分利用，使系统性价比达到最高，并兼顾未来扩展需要，不要一味追求高性能。

 工程素质培养

在网络上、图书馆找找你感兴趣的机器人的资料，如救援机器人、灭火机器人、舞蹈机器人等，它们的控制器系统应该如何设计，给大家讲讲，别外光盘里有 NI 的机器人控制器，去看看吧！

▶ 任务五 认识机器人的人工智能算法

任务目标

1. 掌握机器人巡线的基本策略与算法，能根据传感器的选择合适的算法；
2. 掌握电脑鼠的行走策略，迷官的搜索策略与算法。

机器人有了传感器这样的感官系统、机械系统打造的骨架、驱动系统构成的肌肉、微处理器构成的大脑，要想机器人能自主地去帮人工作，完成工作任务，还得让机器人有自己的"智慧"啊！

子任务一 机器人巡线的策略与算法

所谓巡线，就是通过一定的传感器探测地面色调迥异的两种色彩从而获得引导线位置，修正机器人运动路径的一种技术。

说得太拗回了！

呵呵，别急！就是让机器人自己走路，还不走错！不说太多理论的东西，我们就从基于红外对管阵列的巡线技术来说起。

1. 数据的采集

假设，我们使用的是黑底白线的场地。红外对管阵列由 3 个红外对管一字排开所组成。白线的宽度略小于或等于红外对管阵列的宽度。

对于机器人来说，通过传感器感知周围事物的信息，利用这些信息并不作过多计算而直接通过一定的转换，指导机器人的运动——这种形式在人工智能学上叫做机器人的"反应范式"。所以，我们要想让机器人能够寻着我们给定的轨迹线运动，第一步就必须让它感知到轨迹线的存在。一般的做法就是通过 AD 采样，获得红外对管（传感器）反馈回来的电压信息。然而，这样获得的电压值是无法直接指导运动的，必须把他们转化为二值信息（也就是二进制信息，1 表示线存在，0 表示线不存在），然后通过处理每一个管子反馈回来的二值信息获得白线的位置信息。

怎样知道在不在线上？通过AD信号的阈值化来判断。

所谓阈值化，就是通过一定的范围把握，从而把线性的数据转化为离散数据的一种变换。简单地说，就是通过分段函数的方法，将数据分类。在我们这个应用中，就是想方设法使 AD 采集回来的电压值变化为一个恰恰能够准确表示白线位置信息的二进制信息，1 代表白线存在，0 代表白线不存在。由于白色和黑色在电压差异上非常巨大，所以可以简单地通过一个标志线来区分它们，当电压值高于这个标志线了，就把他标定为 1，否则就标定为 0，算法描述为：

```
if (AdValue[i]>MarkLing)
{
    LineInfor[i]=1;
}
else
{
    LineInfor[i]=0;
}
```

还有一种办法叫做"动态阈值"。

这样做非常简单，适合于标准的场地，然而对于那些模糊了的场地或者是非标准场地，虽然人的肉眼能够看出来，但是对于机器人来说，可能看到的就是花白的一片或者是黑色的夜幕。当标志线值过高时，机器人能看到的只是那些特别明显的白线，其他则是黑色的夜幕，很容易丢失轨迹线；当标志线值过低时，机器人眼中就是白茫茫的一片毛刺。总而言之，对场地的适应性非常差。

解决方法是，通过设定两个标志线来标定轨迹线信息，当 AD 值高于某一值时，标定 1；当 AD 值低于另外某一值时，则标定 0。算法描述为：

```
if (AdValue[i]>High_MarkLine)
{
    LineInfor[i]=1;
}
else if (AdValue[i]<Low_MarkLine)
{
    LineInfor[i]=0;
}
else
{
    LineInfor[i]=NoInfor;
}
```

当然，这种算法在简单的机器人巡线中不是很常用。比较常见、适应性强的方法是，首先

从 AD 值中找到一个中间值作为 MarkLine，（或者可以从 AD 值中找那些比较接近最大值和最小值之差的 0.618 倍的数值），然后再使用第一种方法标记，这样的算法叫做动态预值。如果把这种算法应用于第二种当然也不多啦。

2. 数据的简单加工——第一个巡线程序

到目前为止，我们已经把 AD 的值的数组转变为了一个表示白线位置的二进制位的数组——不妨直接把它用一个字节表示。那么，这个字节的状态就表示了当前白线的位置信息。再假设，我们已经写好了几个函数用来分别控制小车的左右运动。那么就可以通过以下的简单方式来实现巡线了。

```c
// 用字节的高三位表示三个管子检测到的白线信息。
switch (LineInforByte)
{
    case 0b11100000:              // 全部在白线上
        Motor_Left_GoFront(FullSpeed);
        Motor_Right_GoFront(FullSpeed);
        break;
    case 0b01100000:              // 明显车子向左偏了哈
        Motor_Left_GoFront(FullSpeed);
        Motor_Right_GoFront(NormalSpeed);
        break;
    case 0b00100000:
        Motor_Left_GoFront(FullSpeed);
        Motor_Right_GoFront(LowSpeed);
        break;
    ……
    default:
        Motor_Left_GoFront(StopNow);
        Motor_Right_GoFront(StopNow);
        break
}
```

> 其他情况仿照上面自己写吧。呵呵，这样就完成了一个巡线小车的程序了。简单吧！

> 顺便说明一下，Motor_Left_GoFront() 函数是一个控制电动机 PWM 输出的函数。FullSpeed NormalSpeed LowSpeed StopNow StopFree 是一些控制 PWM 的宏定义，你可以修改这些宏定义的值来实现以上的功能。我想，你看了这个程序应该已经对巡线的基本原理了然于胸了吧。下面看看复杂地面情况的模糊识别算法吧！

3. 数据的高级加工——复杂地面情况的模糊识别算法

以上的算法的确可以应付规范场地下的情况了，但是由于其类似查表式的数据处理方式，一旦出现真值表中没有的情况——哪怕是很明显的直线存在——机器人都没有办法处理了。典型的就是在地上有大块的白色斑点，导致机器人对白线视而不见。

解决以上问题的方法还要从人眼识别白线的原理上说起。在破坏严重的场地上，人类的眼睛仍然可以识别出原先的白线，这是为什么呢？人类的眼睛通过捕捉白线的重心确立白线的大体轨迹，从而辨认出白线的位置。从概率的角度上说，在破坏严重的场地上，出现在白线两边的浅色干扰的概率是一样的，即使不同，由于白线本身的存在，其重心至少是不会偏离白线很远的，所以，只要简单地获得地面浅色标志的重心，就可以大体确认白线的所在。我们可以利用物理学上质心的算法获得这一信息。忘了说一点，要想增强机器人对环境的适应力，就需要增加传感器的数目。我们不妨用 8 个红外管作为传感器。这样通过处理后获得的场地信息就整整有 1 B 了。假设 1 个光电管拥有 1 单位的重量，8 个光电管的坐标分别为 −7、−5、−3、−1、1、3、5、7，其间距都是 2 个单位，通过置信公式很容易计算出质心的坐标，通过这个坐标和 0 的绝对值，就可以知道当前机器人偏离白线的多少，而这个偏离值则可以通过简单的比例直接指导运动函数。

以上方法的好处是，提供了一个比例调节巡线动作的可能。支持多传感器的情况，尤其适合线性 CCD 类的线性数据的处理。为机器人提供了一个相对完整的视觉，不可能出现无法识别的情况，而且，这种情况可以使机器人在不加修改程序的情况下直接在白线巡线和黑线巡线状态下切换。

小贴士：

对于机器人的巡线，为了获得场地上白线（黑线）的信息，硬件结构一般有如下几种种类。

（1）红外对管阵列。采取这种方式的机器人比较多，尤其在各种机器人竞赛中，几乎是标准配置。但是这种技术有一个致命的弱点，就是对于场地光线的干扰特别敏感，而且也很难把红色和白线区别开来，所以使用受到一定的限制。一般解决这类问题的方法是在红外光上加载一个调制波，通过检测这个调制波来消除场地光线的干扰，至于如何解决红色和白色的区别的问题，答案就五花八门了。

（2）光纤传感器阵列。采用这种传感器阵列的原因是，光纤非常细，在单位面积内可以安装更多的传感器，从而获得更精确的场地信息。当然，钱也花得更多。

（3）线性 CCD。这种硬件方法几乎是一种对场地信息分辨率的更高追求，如果说红外对管阵列还是离散信息的话，那么线性 CCD 就是线性的连续数据。当然驱动它也不是一件容易的事情，对于单片机也有更高的速度要求。

子任务二　机器人灭火策略及算法

机器人要在模拟的房间里巡视，一旦发现火源就要立即把火灭掉。灭火比赛场地如图 2-5-1 所示，墙壁高 33 cm；在比赛时房间里会有模拟的家具；象征火源的蜡烛高度在 15 ～ 20 cm，蜡烛摆放的房间是在比赛现场通过抽签确定的；机器人从 home 位置出发，在 4 个房间里搜索、寻找火源，搜索过程中尽量不要碰撞墙壁；可以触摸家具，但不允许移动家具；机器人找到火源之后，要在指定的范围内将火灭掉，才算是有效地完成任务；谁用的时间最短，谁将获胜。

在图 2-5-1 中，机器人的基本动作就是走直线、转弯、灭火，策略搜索每一个房间，找到火源，然后灭火。下面分别就机器人的行走策略算法来讨论。

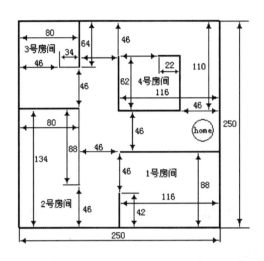

图 2-5-1　机器人灭火场地

机器人灭火的行走策略采用了走迷宫的方法，迷宫法则就是"发现障碍，避开障碍，没发现障碍，靠近障碍"。上面的话看上去是自相矛盾，机器人就是在不断解决这对矛盾的过程中，找到行进路线的。上面的迷宫法则是哲学意义上的法则，它适合于任何公司的产品，和红外传感器的数量无关，机器人走出的是一条曲折前进的道路。迷宫法则根据参照物在机器人的左侧还是右侧，又可以分为左手法则和右手法则。

左手法则：看到墙壁往右转，看不到墙壁往左转。上面的左手法则还是哲学意义上的法则，为了更接近算法的形式，可以描述如下：看到左侧的墙壁往右转，看不到左侧墙壁，沿墙壁转左。算法分析如表 2-5-1 所示。

表 2-5-1　算法分析表

前　　方	左　　方	行　　动	说　　明
无	有	前进	前面没有障碍，左侧有障碍，前行
有	有	右转	左侧、前方都有障碍，右转
有	无	左转	前方都有障碍，左侧无障碍，左转
无	无	无动作	

根据上述左手法则，在编程时可按图 2-5-2 框图来设计。

上述机器人走迷宫的左手法则的编程思想，用在机器人灭火时，可以使机器人遵循左手规则前进搜索房间，当前面发现火焰时，就应该调整姿态进行灭火，没有发现火焰就执行走迷宫的程序。机器人灭火的策略如表 2-5-2 所示，机器人灭火图如图 2-5-3 所示。

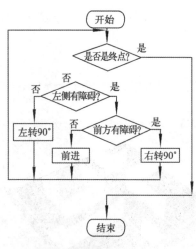

图 2-5-2 机器人左手法则框图

表 2-5-2 机器人灭火的策略表

左前方有火焰	右左方有火焰	机器人行动
无	无	迷宫
有	无	左转
无	有	右转
有	有	启动风扇灭火

（a）机器人右前方发现火源

（b）机器人左前方发现火源

（c）机器人开始灭火

图 2-5-3　机器人灭火图

机器人灭火策略的程序框图如图 2-5-4 所示。

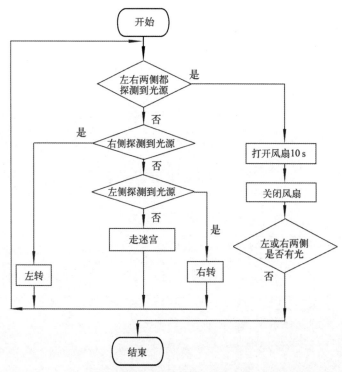

图 2-5-4　机器人灭火程序框图

如果火焰在 4 号房间，机器人遵循左手规则前进搜索了 1、2、3 号房间，它就会不停地绕着 3 个房间巡视，不会进入第 4 号房间。

如果火焰在 1 号房间，如果让机器人先右转弯再用左手规则前进，机器人就会围着 4 号房间转个不停；机器人无论怎样运动都很难走遍 4 个房间。想一想，有什么好办法让机器人把 4 个房间都搜索到吗？

电脑鼠走迷宫的算法包含：（1）迷宫坐标和绝对方向的建立；（2）相对方向与绝对方向的转换；（3）坐标转换；（4）墙壁资料存储；（5）右手、左手、求心法则等迷宫搜索方法；（6）寻找最优路径的方法，等高线的绘制方法等。智能算法常常受自然（生物界）规律的启迪，我们根据其原理，模仿其结构进行发明创造，另一方面，我们还可以利用仿生原理进行设计，模仿求解问题的算法，这就是智能计算的思想。这方面的内容很多，如人工神经网络技术、遗传算法、模拟退火算法、模拟退火技术和群集智能技术等。

知识、技能归纳

本任务中描述了机器人巡线的基本策略与算法，我们应能根据传感器选择合适的算法，画出程序的框图；电脑鼠走直线、转弯是基本的行走策略，在碰到挡板、缺口及姿态偏离迷宫时电脑鼠能调整行走路线轨迹，左手法则是机器人走迷宫的基本法则，还有右手法则、求心法则等。

工程素质培养

学习有关算法，能画出程序框图，能根据传感器、外部环境条件选择适当的算法；在网络上、图书馆找找你感兴趣的一些人工智能算法，给大家讲讲！

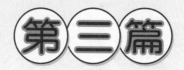

第三篇

竞技型机器人
系统制作与应用

▶ 任务一 说说"电脑鼠"比赛的故事

 任务目标

1. 了解嵌入式微型机器人的起源、发展现状；
2. 了解 IEEE 标准"电脑鼠"走迷宫竞赛。

> 同学们想不想认识一下我们的朋友"电脑鼠"呢？让我们一起来吧！

子任务一　讲讲"电脑鼠"的故事

　　1956 年，美国密执安州的数学家申龙参与发起了一项达特默斯人工智能会议，该会议揭开了人工智能技术的面纱，使这一全新的学科展现在世人面前。他发明了一个能自动穿越迷宫的"电脑鼠"，以此证明计算机可以通过学习提高智能。

　　1977 年，IEEE Spectrum 杂志提出电脑鼠的概念，电脑鼠是一个小型的由微处理器控制的机器人车辆，如图 3-1-1 所示，在复杂迷宫中具有译码和导航的功能。真正的首场电脑鼠迷宫竞赛于 1979 年于纽约举行，上千作品中只有 15 个电脑鼠成功完成了比赛。

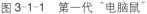

图 3-1-1　第一代"电脑鼠"

"电脑鼠"的英文名称叫做 Micromouse，它是使用微控制器、传感器和机电运动部件构成的一种嵌入式微型机器人的俗称，现在我们称它为嵌入式微型机器人。它可以在"迷宫"中自动记忆和选择路径，寻找出口，最终到达所设定的目的地，如图 3-1-2 所示。

图 3-1-2　嵌入式微型机器人及迷宫

近年来，国际电工和电子工程学会（IEEE）每年举办一次国际性的电脑鼠走迷宫竞赛，自举办以来各国参加踊跃，尤其是美国和欧洲国家的高校学生，为此有的大学还开设了"电脑鼠原理与制作"的选修课程。

相比之下，我国的嵌入式微型机器人发展并不乐观，在 IEEE 电脑鼠竞赛风靡全球的几十年里，我们的嵌入式机器人技术的教学、应用工作并没有实质的进展。直到 2007 年这项赛事引入中国，2009 年天津举办了第一次电脑鼠走迷宫大赛，天津 8 所知名高校的 16 支精英级赛队角逐天津赛区决赛。

一年之后，2010 年 12 月在天津教委高职处的大力支持倡导下，再次举办了 2010 年天津市高职高专学生技能竞赛——机器人项目"启诚杯嵌入式微型机器人走迷宫大赛"，如图 3-1-3 所示，开创了中国高职院校 IEEE 国际标准电脑鼠走迷宫竞赛的先河，天津共有 10 所知名高职院校，17 支精英级赛队参加比赛，把这项风靡全球的竞赛引入中国高职院校。

有参赛的选手给电脑鼠取了一个亲切的名字"诚诚"。

图 3-1-3　2010 启诚杯嵌入式微型机器人走迷宫大赛

子任务二　"电脑鼠"家族的奥林匹克运动会

诚诚的家族每年有一项特别重要的活动——奥林匹克运动会！让我们去看一看！

IEEE 标准电脑鼠走迷宫竞赛的目的是制作一个嵌入式微型机器人，在规定的迷宫内去探索路径，用最短的时间穿越迷宫到达终点。

1. **迷宫场地介绍**（见图3-1-4）

（1）迷宫由 16×16 个、18 cm×18 cm 大小的正方形单元所组成。

（2）迷宫的隔墙高 5 cm，厚 1.2 cm，因此两个隔墙所构成的通道的实际距离为 16.8 cm。隔墙将整个迷宫封闭。

（3）迷宫隔墙的侧面为白色，顶部为红色。迷宫的地面为木质，使用油漆漆成黑色。隔墙侧面和顶部的涂料能够反射红外线，地板的涂料则能够吸收红外线。

（4）迷宫的起始单元可选设在迷宫四个角落之中的任何一个。起始单元必须三面有隔墙，只留一个出口。例如，如果没有隔墙的出口端为"北"时，那么迷宫的外墙就构成位于"西"和"南"的隔墙。电脑鼠竞赛的终点设在迷宫中央，由四个的正方形单元构成。

（5）在每个单元的四角可以插上一个小立柱，其截面为正方形。立柱长 1.2 cm，宽 1.2 cm，高 5cm。小立柱所处的位置称为"格点"。除了终点区域的格点外，每个格点至少要与一面隔墙相接触。

我可是走不出迷宫的，怎么玩呢？

图 3-1-4　迷宫图

2．主要竞赛规则

电脑鼠的基本功能是从起点开始走到终点，这个过程称为一次"运行"，所花费的时间称为"运行时间"。从终点回到起点所花费的时间不计算在运行时间内。从电脑鼠的第一次激活到每次运行开始，这段期间所花费的时间称为"迷宫时间"。如果电脑鼠在比赛时需要手动辅助，这个动作称为"碰触"。竞赛使用这三个参数，从速度、求解迷宫的效率和电脑鼠的可靠性三个方面来进行评分。

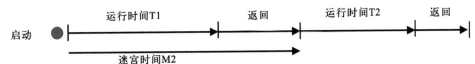

迷宫时间：电脑鼠激活到每次运行开始的那段时间。

运行时间：电脑鼠从起点走到终点的时间。

成绩＝迷宫时间÷30+运行时间－奖励时间（非碰触）。

碰触：电脑鼠在运行过程中若要手动辅助，则为碰触，最多允许碰触4次，发生一次碰触失去10s的奖励时间，第二次以后多碰触一次增加5s惩罚时间。

哇！原来是这样啊！我已经迫不及待要参加比赛了！你呢？

IEEE标准电脑鼠走迷宫竞赛的具体要求还有很多，在这里我们就不多说了，我们一起看一下光盘的竞赛视频吧！

 知识、技能归纳

在机器人技术高速发展的今天，竞技型机器人有很多种，在这里只是介绍了其中嵌入式微型机器人的起源、国际国内现状，比赛环境等内容。

工程素质培养

搜集查阅有关资料，了解什么是竞技型机器人。

▶ 任务二 "电脑鼠"怎样走迷宫

任务目标

1．了解嵌入式微型机器人搜索迷宫的方法；

2．了解嵌入式微型机器人实现路径选择的一些基本方法。

人走迷宫会迷路，但是聪明的电脑鼠则不会，它们是怎样做的呢？

前面我们已经提到，嵌入式微型机器人的主要任务是根据 IEEE 国际标准电脑鼠走迷宫大赛规则完成迷宫搜索和最优路径选择，是考查一个系统对一个未知环境的探测、分析及决策能力的一种比赛，下面我们来简单了解一下这方面的知识。

1. 迷宫搜索方法

在没有预知迷宫路径的情况下，嵌入式微型机器人必须要先探索迷宫中的所有单元格，直到抵达终点为止。做这个处理的嵌入式微型机器人要随时知道自己的位置及姿势，同时要记录下所有访问过的方块四周是否有墙壁。在搜索过程中为了节约搜索时间，还要尽量避免重复搜索已经搜索过的地方。

那么，怎样来探索迷宫呢？通常有两种策略方式：① 尽快到达目标地；② 搜索整个迷宫。

这两种策略各有利弊。利用第一种方式虽然可以缩短探索迷宫所需的时间，但是不一定能够得到整个迷宫的地图资料。若找到的路不是迷宫的最优路径，这将会影响机器人最后冲刺的时间。若采用第二种方式，可以得到整个迷宫的地图资料，这样就可以求出最优路径。不过采用这种方法所使用的搜索时间较长。在第二篇里已经介绍了左、右手法则，这里梳理一下：

（1）右手法则

当嵌入式微型机器人在前进时，如果在前进的方向上存在两条和两条以上的支路时，它需要选择向哪个方向转弯，转弯的方向不同导致机器人的运动路径也不相同，我们可以使机器人优先考虑向右转弯，其次向前，最后才考虑向左转弯，这种策略方法我们称为右手法则。示意图如图 3-2-1 所示，图中坐标（0，0）为机器人出发点，虚线为机器人运动路径，可以很清楚地看到，每当机器人遇到分支路口时，它都会选择优先向右转弯，不能右转弯时机器人会选择直行，当既不能右转弯也不能直行时才会左转弯。

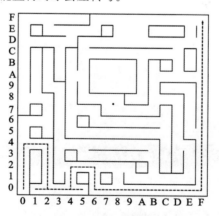

图 3-2-1　右手法则示意图

我们以右手法则示意图中的几个关键点的选择为例进行解释，决策对应如表 3-2-1 所示。在坐标（0，4）处，机器人可以选择前进或右转，那么依据法则最终会选择右转；在坐标（2，0）处，机器人可以选择左转或右转，依据法则最终会选择右转；在坐标（4，0）处，机器人可以选择左转或前进，依据法则最终会选择前进。

表 3-2-1　右手法则示意图关键点决策对应表

坐　标　点	方向选择项	最终策略选择
(0, 4)	前进、右转	右转
(2, 0)	左转、右转	右转
(4, 0)	前进、左转	前进

（2）左手法则

与右手法则相似，在迷宫搜索方法策略上，机器人优先考虑左转弯，其次是向前行，最后考虑向右转弯，这种策略称之为左手法则。示意图如图 3-2-2 所示，图中机器人出发点依然是坐标(0, 0)，虚线依然为机器人运动路径，不同的是，每当机器人遇到分支路口时，它都会选择优先向左转弯，不能左转弯时机器人会选择直行，当机器人既不能左转弯也不能直行时才会右转弯。

图 3-2-2　左手法则示意图

有点明白了，就是贴边走！

我们以左手法则示意图中的几个关键点的选择为例进行解释，决策对应如表 3-2-2 所示。在坐标（2，6）处，机器人可以选择左转或右转，那么依据法则最终会选择左转；在坐标（1，8）处，机器人可以选择前进或右转，依据法则最终会选择前进；在坐标（2，F）处，机器人可以选择右转或前进，依据法则最终会选择右转。

表 3-2-2　左手法则示意图关键点决策对应表

坐标点	方向选择项	最终策略选择
(2, 6)	左转、右转	左转
(1, 8)	前进、右转	前进
(2, F)	前进、右转	右转

2. 寻找最优路径的方法

假设电脑鼠已经搜索完了整个迷宫或者只搜索了包含起点和终点的部分迷宫，且记录了已走过的每个迷宫格的墙壁资料，那么它怎样根据已有信息找出一条从起点到终点最优的路径呢？通常我们使用制作等高图的方法加以解决。下面我们引入等高图的概念和制作方法。

（1）等高图的概念

等高图是等高线地图的简称，就像一般地图可以标出同一高度的地区范围，或者像气象报告时的等气压图，可以标出相等气压的范围及大小。

那么等高图运用在迷宫地图上，可以标出每个迷宫格到起点相等（对等）步数的关系，可不要小看它，许多封闭路径的逃脱与冲刺的关卡都可在我们制作出等高图后迎刃而解，使嵌入式微型机器人更快地到达终点，少走一些弯路。

第三篇　竞技型机器人系统制作与应用

（2）等高图的制作

下面我们以 4×4 的小迷宫为例来构建等高图：

步骤一：

① 把所有迷宫格上的等高值填为 0xff（0xff 是迷宫中等高值的上限），如图 3-2-3 所示；

② 起点坐标 (0,0),其步数填入 1；

③ 记录等高值的变量 Step 自加 1，变为 2；

④ 在堆栈中存入起点坐标 (0,0)。

步骤二：

① 观察图 3-2-3 中 (0,0) 点四周仅有一个方向可前进（可前进的定义是说箭头所指方向的步数值比当前坐标上的值大 2 以上,如坐标 (0,1) 的值为 0xff, 则 0xff−1>1, 则坐标 (0,1) 为可前进的方向）；

② 进入箭头所指方向的方格,此时坐标为 (0,1)；

③ 填入步数值 Step；

④ Step = Step + 1。

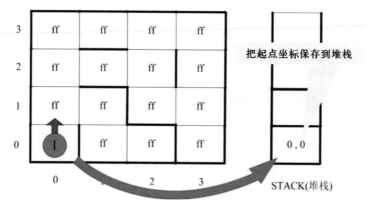

图 3-2-3　等高图步骤一

步骤三：

① 图 3-2-4 中 (0,1) 点四周有两个可前进的方向,即此坐标点为一岔路；

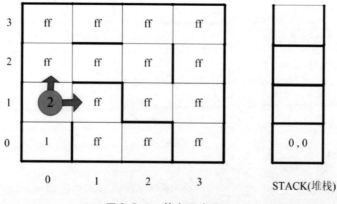

图 3-2-4　等高图步骤二

② 将该岔路坐标存入堆栈；

③ 进入箭头所指的一方向（可任选之，对结果无影响），此时坐标为 (1,1)；

④ 填入 Step 值；

⑤ Step = Step + 1；

⑥ 得到图 3-2-5。

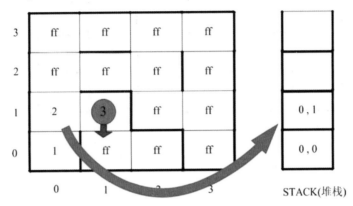

图 3-2-5　等高图步骤三

步骤四：

① 图 3-2-5 中仅有一个可前进的方向；

② 进入箭头所指方向，此时坐标为（1,0）；

③ 填入 Step 值；

④ Step = Step + 1；

⑤ 得到图 3-2-6。

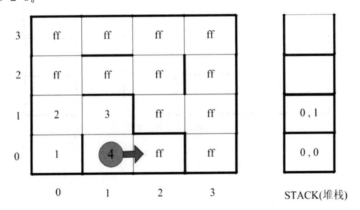

图 3-2-6　等高图步骤四

步骤五：

① 图 3-2-6 中仅有一个可前进的方向；

② 进入箭头所指方向，此时坐标为 (2,0)；

③ 填入 Step 值；

④ Step = Step + 1；

⑤ 得到图 3-2-7。

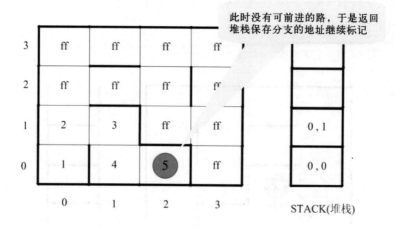

此时没有可前进的路，于是返回堆栈保存分支的地址继续标记

STACK(堆栈)

图 3-2-7　等高图步骤五

步骤六：

① 图 3-2-7 中四周无可前进的方向 ;

② 取出堆栈中的内容 , 跳到其保存的坐标 (1 , 0) ;

③ 读出对应的坐标的 Step 值 , Step = 2 ;

④ Step = Step + 1 ;

⑤ 得到图 3-2-8。

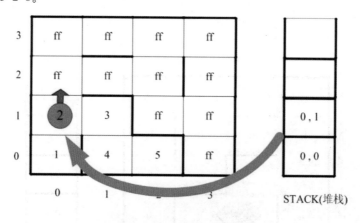

STACK(堆栈)

图 3-2-8　等高图步骤六

步骤七：

① 图 3-2-8 中坐标 (0,1) 点有一个前进方向 (坐标 (0,0) 处 Step 值为 1), 不比当前坐标的步数值大 2 以上 , 所以不是可前进的方向 ;

② 进入箭头所指方向 , 此时坐标为 (0 , 2) ;

③ 填入 Step 值 ;

④ Step = Step + 1 ;

⑤ 得到图 3-2-9。

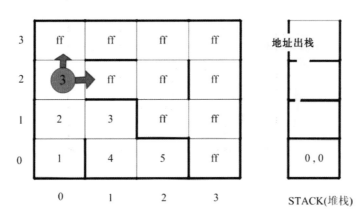

图 3-2-9　等高图步骤七

步骤八：

① 图 3-2-9 中坐标 (0，2) 有两个可前进的方向；

② 将该岔路坐标入栈；

③ 进入箭头所指的一个方向，此时坐标为 (1，2)；

④ 填入 Step 值；

⑤ Step = Step + 1；

⑥ 得到图 3-2-10。

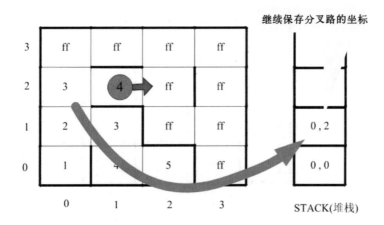

图 3-2-10　等高图步骤八

以此类推，直到当前坐标没有可前进方向，且堆栈中没有示处理完的分岔点时结束。最终可以得到图 3-2-11 所示的等高图。等高图的数字即为步数，也就是代表其相对应的位置，距离起点的最少方格数，如坐标 (2，2) 距离起点的有 5 格，坐标 (3，2) 距离起点有 8 格。

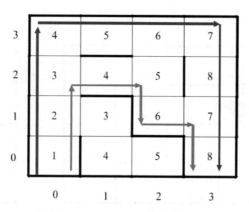

图 3-2-11　等高图最终的示意图

图3-2-11中，蓝色线条所走路经需要10步，而黄色路经只需8步，在不考虑转弯次数的情况下，选择黄色路经行走。

3. 转弯加权的等高图制作

由于电脑鼠转弯要浪费一定时间，如图3-2-11所示，虽然(0，2)点和(1，1)点的等高值都为3，但肯定我们会认为电脑鼠从(0，2)点到起点比从(1，1)点到起点要快。

因此，为了寻找一条最优的路径(也就是能最快达到路径)，可以给转弯点加权，假设权值为1，即经过转变前进的坐标的等高值是由当前等高值加2得到的。

加权后的等高图如下图3-2-12所示，加权值可以根据自己电脑鼠转弯性能来决定，这里我们设置为1。

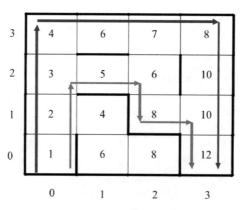

图 3-2-12　转弯加权后的等高图

图3-2-12中，蓝色线条所走路经需要12步，而黄色路经也需12步，如果电脑鼠匀速走，两条线路均可，但在考虑直线行走的加速情况时，选择蓝色路经行走可能更快。

对于嵌入式微型机器人算法策略这部分内容，我们只是根据机器人所需完成任务的需要做了简单的讲解。因为算法策略是机器人的思想灵魂，好的算法策略会提升机器人的智能化程度，所以，希望有兴趣的同学能够通过各种手段多了解一些这方面的知识。

知识、技能归纳

嵌入式微型机器人的智能化主要依托于其程序中的算法策略，有人将算法策略称之为机器人的思想灵魂，通过这一点可以想象算法策略的重要性。针对 IEEE 国际标准电脑鼠走迷宫大赛中嵌入式微型机器人所要完成的任务，我们介绍了右手法则、左手法则及等高图的概念等常用的方法策略。通过本节的介绍希望大家能够对算法策略有一些初步的认识。

工程素质培养

熟悉嵌入式微型机器人走迷宫的算法，总结算法的特点，看看能否用在其他场合呢？

任务三 认识"电脑鼠"的硬件结构及软件环境

任务目标

1．了解嵌入式微型机器人硬件结构及各部分组成、功能；

2．学会使用嵌入式微型机器人软件开发平台。

子任务一 嵌入式微型机器人硬件介绍

1. 嵌入式微型机器人"电脑鼠"基本组成

（1）嵌入式微型机器人的特点及基本开发环境。TQD-MicroMouse615-1 型嵌入式微型机器人是由天津启诚伟业科技有限公司设计生产的一款电脑鼠，我们叫它"诚诚"，它的微控制器是由 Luminary 公司生产的 Cortex-M3 内核的 ARM 处理器——LM3S615（它可是诚诚的大脑），它具有以下特点：体积小，五组可测距的红外线传感器，灵敏度高，现场调节方便；选用步进电动机，控制容易；电池为 2200mA·h，7.4 V 的可充电锂电池；支持电池的电压监测，避免电能不足带来的麻烦；为用户预留了 6 个 GPIO 口，一个串口，一个 PI 接口，电脑鼠如图 3-3-1 所示。

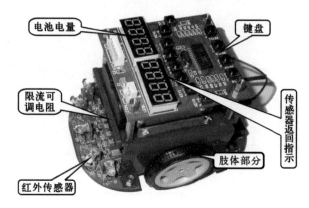

图 3-3-1　TQD-MicroMouse615-1

（2）配套的开发工具如图 3-3-2 所示。

图 3-3-2　TQD-MicroMouse615-1 型机器人及配套开发工具

（3）TQD-MicroMouse615-1 型机器人原件布局图如图 3-3-3 所示。

图 3-3-3　TQD-MicroMouse615-1 型机器人原件布局图

2．TQD-MicroMouse615-1型微型机器人最小系统原理图

TQD-MicroMouse615-1 型微型机器人 MCU 核心板由一片 QFP-48N 封装的 LM3S615 和极少的外围器件构成，如图 3-3-4 所示。

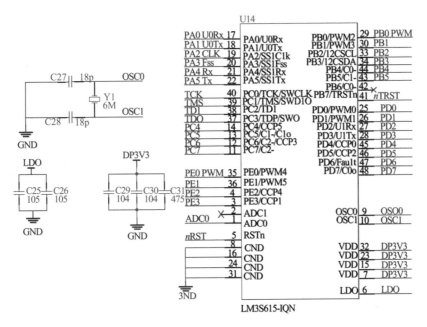

图 3-3-4　MCU 核心板电路

机器人控制系统采用 MCU 核心板加扩展底板模块化设计的方式，核心板仅包含 MCU 和晶振电路，通过两个 20 Pin 的双排接口，将复位、JTAG、ADC、PWM 和 GPIO 相关管脚引至底板。该设计方法可以在使用相同底板的情况下，方便的更换核心板模块，使用户可以根据实际需要，采用不同性能的处理器，提高机器人的适应能力。

3．外围电路

电脑鼠的供电采用电池，外接电池为整个系统提供三种不同的电压，分别用来驱动电动机、传感器供电和微控制器系统供电。电池的输入电压应该控制在 5-9 V 的范围内。

（1）键盘显示电路

键盘显示电路用来在开发过程中，或迷宫竞赛开始前用于显示红外线传感器的灵敏度，以方便进行调试；在验证自己迷宫算法的时候，用数码管显示自己所处的迷宫坐标和采集的墙壁信息；键盘还可以设置为单步验证各个功能模块，并在数码管上进行显示，比如步进电动机的转速，方向等等。

7289 EX BOARD 模块是一个键盘控制以及数码管驱动 PACK 板，控制芯片为 ZLG7289B，ZLG7289B 提供了 SPI 接口和键盘中断信号，方便与处理器连接，可驱动 8 位共阴数码管或 64

只独立 LED 和 64 个按键。在本模块上有 8 个 8 段共阴极数码管及 12 个按键，其电路原理图如图 3-3-5 所示。

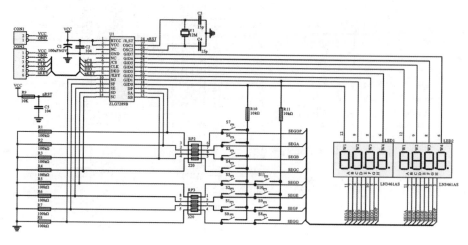

图 3-3-5　显示、键盘电路

ZLG7289 与微控制器的接口采用三线制 SPI 串行总线，与 LM3S615 上的标准四线制 SPI 接口有所差别，所以只能用软件来模拟三线制 SPI 接口与 ZLG7289 通信。

使用 7289EX BOARD 模块不需要自己编写驱动程序，已经为用户编写好驱动软件包。用户只需要调用几个函数就可以完全操作键盘和数码显示。程序及调用说明见光盘。

（2）电动机驱动

TQD-MicroMouse615-1 装有两个永磁式步进电动机，系统中直接把电池的输出电压连接到驱动芯片上。

电动机驱动电路如图 3-3-6 所示。其中 BA6845FS 是步进电动机驱动芯片，每个芯片包含两个 H 桥，它的最大驱动电流为 1A，且在输入逻辑的控制下输出有三种模式：正向、反向和停止。

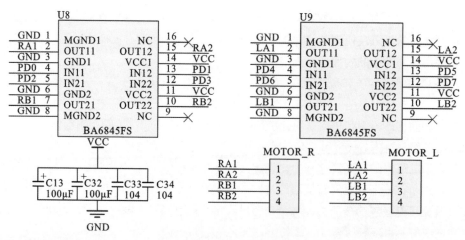

图 3-3-6　电动机驱动电路

（3）微控制器系统供电

LM3S615 微控制器需要 3.3 V 供电，电路图如图 3-3-7 所示，由 CON2 接头输入外接电源，二极管 D1 是为了防止电源正负极接反，经过 C36、C2 滤波，然后通过 SPX1117M-3.3 将电源稳压至 3.3 V。其特点是输出电流大，输出电压精度高，稳定性好。其输入电压范围为 4.7 V ～ 12 V，输出电流可达 800 mA。在其输出端的 C3、C4 用来改善瞬态响应和稳定性。POWER 是电源指示灯，当系统上电后指示灯亮。

R9 和 R15 组成一个分压电路，网络标号 ADC0 连接到 LM3S615 上的 ADC0 端口，可以用来检测电池电压。

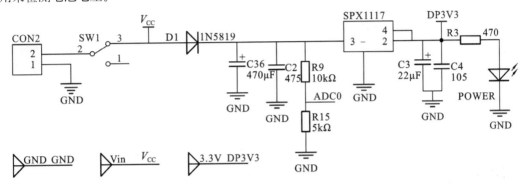

图 3-3-7   3.3V 电源电路

（4）传感器供电

TQD-MicroMouse615-1 型嵌入式微型机器人使用的红外线传感器的工作电压为 5 V，在一般情况下可以把外接电池的输出电压稳定到 5 V。但若电池电压较低或瞬间被拉低时，系统就不能为传感器提供稳定的电源，这将严重影响传感器的灵敏度。

经过以上考虑，决定把系统中已经较为稳定的 3.3 V 电压升到 5 V.，升压芯片采用 Exar 公司的低静态电流、高效率的升压芯片 SP6641 A，升压电路如图 3-3-8 所示。

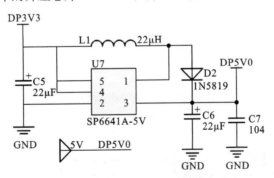

图 3-3-8   5 V 升压电路

（5）红外检测电路

红外检测电路是用于迷宫挡板的检测，分为左方、左前方、前方、右前方、右方五个方向，五个方向的传感器电路原理相同，其中一个方向的检测电路如图 3-3-9 所示。

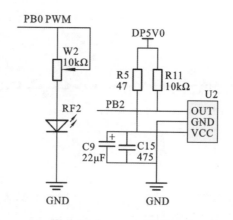

图 3-3-9 红外检测电路

U1 为一体式红外线接收传感器，其型号为 IRM8601S。该接收器内部集成了自动增益控制电路、带通滤波电路、解码电路及输出驱动电路。该接收器对载波频率为 38 kHz 的红外线信号最为敏感，当它检测到有效红外线信号时输出低电平，否则输出高电平。

子任务二　认识IAR EWARM集成开发环境

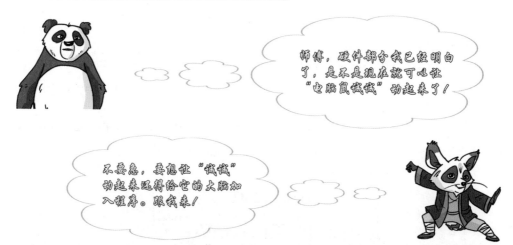

我们要进行开发，需要有这么几样设备和软件。电脑鼠是肯定的，还得有电脑，电脑鼠和电脑之间还得有 USB JTAG 调试器，这是硬件，还需要在电脑上安装 IAR EWARM 程序，如图 3-3-10 所示。

图 3-3-10　开发环境及工具图

我们一样一样来认识吧！

1. 认识IAR EWARM开发环境

IAR Embedded Workbench for ARM（下面简称 IAR EWARM）是一个针对 ARM 处理器的集成开发环境，它包含项目管理器、编辑器、C/C++ 编译器和 ARM 汇编器、连接器 XLINK 和支持 RTOS 的调试工具 C-SPY。在 EWARM 环境下可以使用 C/C++ 和汇编语言方便地开发嵌入式应用程序。与其他的 ARM 开发环境相比，IAR EWARM 具有入门容易、使用方便和代码紧凑等特点。

目前 IAR EWARM 支持 ARM Cotex-M3 内核的最新版本是 6.1，该版本支持 Luminary 全系列的 MCU。

在光盘第三篇的软件文件夹下，找到 IAR EWARM 安装软件，按照光盘提供的 IAR_EWARM 安装、使用说明进行程序安装吧。试试你就知道了！

LM LINK 是专门用于 Luminary 系列单片机程序的调试与下载。该调试器结合 IAR EWARM 集成开发环境，可支持所有 LM3S 系列 MU 的程序的下载与调试。外观如图 3-3-11 所示。

LM LINK 采用 USB 接口与电脑连接，打破传统的用并口和串口下载程序的方式，无论是台式机还是笔记本电脑都应用自如。

图 3-3-11　LM LINK 程序的调试与下载

IAR EWARM 和流明诺瑞驱动库的安装由于过于烦琐，在这里不再进行阐述，请到附件光盘中看看吧。

在安装过程中，还要安装 LM LINK 的驱动程序哟！

我来试试！哈哈！

2．在EWARM中新建一个新项目

假如我们需要建立一个新的工程，我们需要按照下面的步骤来做：

（1）建立一个项目文件目录。

（2）新建工作区。选择 File → New → Workspace 命令，然后开启一个空白工作区窗口。

（3）生成新项目。选择 Project → Create New Project 命令，弹出生成新项目窗口。

（4）添加新建文件。①右击"demo-Debug"然后选择 ADD → ADD Group... 命令，新建三个文件组：startup 文件组、src 文件组和 lib 文件组。②添加对应文件，如图 3-3-12 所示。

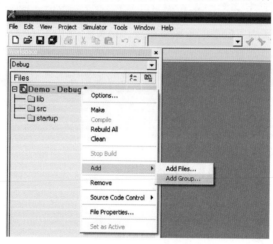

图 3-3-12 建立一个新项目

详细的操作步骤及项目选项设置详见光盘资料。

3．编译链接处理

我们写好程序后，要将程序进行编译，我们需要按下面的步骤进行编译连接操作。

（1）选择 Project → Make 命令，或选中工作区中的项目名 demo-Debug 右击，在弹出菜单中选择 Make。如果你想重新编译所有的文件，选择 Project → Rebuild All，或选中工作区中的项目名 demo-Debug 右击，在弹出菜单中选择 Rebuild All。

（2）选择 Project → Debug 命令，或单击工具条上的 Debugger 按钮，或按【Ctrl+D】组合键，C-SPY 将开始装载 demo.d79。屏幕上将显示 PC 通过 LMLINK 加载的过程。

 注意：

如果在下载程序时，有提示信息出现，直接选择"否"就可以了。到此，程序已经下载了，可以进行程序的运行了。诚诚有思想了！

子任务三 调试"电脑鼠"的嘴巴和眼睛

"电脑鼠"的硬件和编程我知道了，可第一步我该做什么？

"电脑鼠"的 8 个数码显示管就像它的嘴巴，它要告诉我们信息。显示键盘芯片 ZLG7289B 针对 MicroMouse615 的程序软件包由两个文件组成：ZLG7289.h 和 ZLG7289.c。头文件 "ZLG7289.h"包括 ZLG7289B 的 I/O 接口定义和用户指令集声明，C 语言文件 ZLG7289.c 是这些指令的具体实现。

1．Init_7289

Init_7289 软件包初始化程序。

函数原型：

```
Void Init_7289(void)
```

描述：

该函数对 LM3S615 上连接到 ZLG7289 的 SPI 端口进行初始化，使能 I/O 口，并设置 CS、CLK 和 DIO 端口为输出。初始化各端口状态并复位 ZLG7289。

2．ZLG7289Download

向 ZLG7289 下载要显示的数据。

函数原型：

```
Void Init_7289 Download(uint8 ucMod,int8 cX,int8 cDp,int8 cDat)
```

参数：

ucMod：选择译码方式，共有三种译码方式，取值范围为 0~2。

cX：数码管编号，取值范围为 0~7。

cDp：cDp=0，小数点熄灭；cDp=1，小数点点亮。

cDat：要显示的数据。

开始我们的第一个任务："电脑鼠"上电或者复位后，8个数码管按照自己的编号分别显示0~7。当有按键按下时，所有数码管一起显示出按键的编号，由于共有12个键，所以显示的范围为0~6。

我们一步步的来做吧！

● 打开 IAR EWARM 集成开发环境，建立工作区和新建一个项目；

● 将文件 Type.h、ZLG7289.c 和 ZLG7289.h 一起复制到工程文件夹下；

● 新建 main.c 文件，并加入到工程；

- 把文件 ZLG7289.c 添加进工程中；
- 把光盘中的参考程序复制到 main.c 中；
- 按照本篇任务二的流程将程序下载到"电脑鼠"里去。

有意思，我们来搞亮"诚诚"的眼睛！

我们的第二个任务，利用五组传感器让"电脑鼠"检测一定范围内的障碍物，既可以判断一定距离的范围内是否存在障碍物。左右两侧的传感器加入一项功能，能够粗略判断障碍物的远近距离。即可以指示出没有障碍物、检测到障碍物和障碍物靠得太近三种状态。

我们一步步的来做吧！

- 连接好电路，W1 与 RF1 组成红外线发射电路，控制红外线发射的端口连接到微控制器，在五组传感器里，RF1、RF3、RF5 共同连接到 PE0 端口；RF2、RF4 共同连接到 PB0 端口。红外接收头 U1～U5 的输出信号分别连接到微控制器的 PB1～PB5 端口。
- 打开 IAR EWARM 集成开发环境，建立工作区和新建一个项目工程。
- 将文件 Type.h、ZLG7289.c 和 ZLG7289.h 一起复制到工程文件夹下。
- 新建 mian.c 文件，并加入到工程。
- 把文件 ZLG7289.c 添加进工程中。
- 把实验程序复制到 main.c 中。
- 在 startup.c 文件里的开始位置中声明中断服务函数。
- 在 startup.c 文件里修改系统定时器中断的入口地址。
- 编译下载程序。

这些内容光盘里都有哩，看看去！

步骤 1：上电复位，数码管显示数据。

嵌入式微型机器人的五个红外传感器在使用时需要通过调节 W1 ~ W5 五个电位器来调整传感器的探测距离，也就是调节机器人的视觉距离。那么，怎样调节呢？下面我们自左向右依次介绍。

第 1~5 个数码管分别用来指示 U1~U5 五个传感器的状态，用手分别遮挡这五个传感器，就能观测到对应数码管的点亮或者熄灭；第 6 个数码管空闲；第 7、8 个数码管显示的是电池电压，如图 3-3-13 所示。

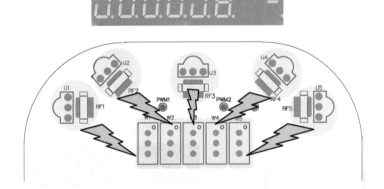

图 3-3-13　上电复位显示状态

步骤 2：调节 U1 和 U5 的灵敏度。

① 左侧 90°红外传感器调节，通过调节 W1 设置 U1 传感器。使电脑鼠靠近右侧挡板约 5 mm，调节 W1，使第一个数码管能稳定点亮一个段，第二个段刚好点不亮或处于微弱的闪烁状态，如图 3-3-14 所示。

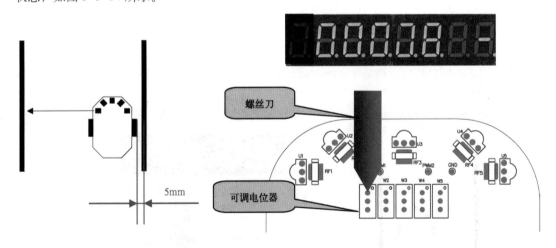

图 3-3-14　左侧 90°红外传感器调节示意图

② 右侧 90°红外传感器调节，调节 W5 设置 U5 传感器灵敏度的示意图如图 3-2-15 所示，方法同上，电脑鼠靠近左侧 5 mm 时，第五个数码管能稳定点亮第一个段，第二个段刚好不亮或处于微弱的闪烁状态。

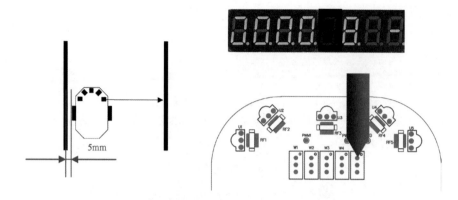

图 3-3-15　右侧 90°红外传感器调节示意图

步骤 3：调节 U2 和 U4 的灵敏度。

① 左侧 45°红外传感器调节：将嵌入式微型机器人车体靠近左侧挡板约 20 mm，调节 W2 电位器，直到 LED 显示模块的左侧第二个 LED 灯处于由灭到亮的闪烁状态，此时的传感器为最佳状态，如图 3-3-16 所示。

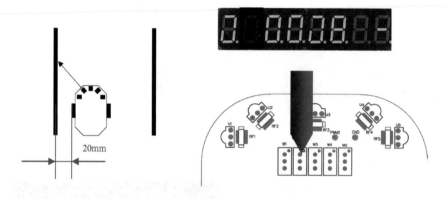

图 3-3-16　左侧 45°红外传感器调节示意图

② 右侧 45°红外传感器调节：将嵌入式微型机器人车体靠近右侧挡板约 20 mm，调节 W4 电位器，直到 LED 显示模块的左侧第四个 LED 灯处于由灭到亮的闪烁状态，此时的传感器为最佳状态，如图 3-3-17 所示。

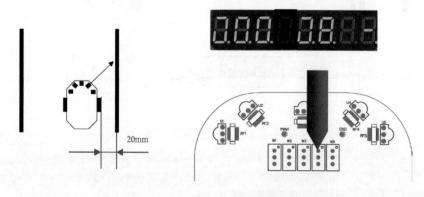

图 3-3-17　右侧 45°红外传感器调节示意图

步骤 4：调节 U3 的灵敏度

正前方红外传感器调节：将嵌入式微型机器人车体置于迷宫格正中位置，调节 W3 电位器，直到 LED 显示模块的左侧第三个 LED 灯处于由灭到亮的闪烁状态，此时的传感器为最佳状态，如图 3-3-18 所示。

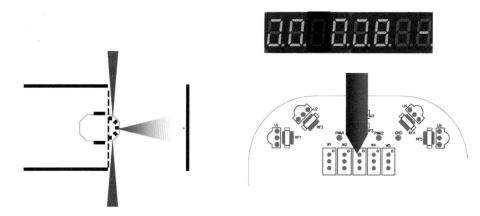

图 3-3-18　正前方红外传感器调节示意图

 知识、技能归纳

所谓"电脑鼠"，英文名叫做 Micromouse，是使用嵌入式微控制器、传感器和机电运动部件构成的一种智能行走装置的俗称。了解"电脑鼠"的硬件结构特点，掌握 IAR EWARM 嵌入式典型集成开发的使用，能进行键盘显示模块、传感器模块的调试。

工程素质培养

培养学生计算机操作能力。特别是软件安装、系统的调试能力、查阅资料、解决问题的能力。

任务四　嵌入式微型机器人直线运动的控制

任务目标

1．掌握嵌入式微型机器人直线运动的控制方法；

2．能够通过编写程序控制机器人做直线运动；

3．能够通过调整传感器提升机器人做直线运动的性能。

我们已经知道了，机器人身上的传感器相当于它的眼睛，而它的两个轮子相当于腿脚。我们想要它按照我们的要求去运动和工作，就要学会控制使用它的眼睛和腿脚。

人类在运动时，眼睛在时刻不停的接受外界信息，人通过眼睛观察周围的信息，并以这些信息作为依据去指挥腿脚运动。机器人也是这样，他通过"眼睛"（传感器）来获取外界信息，并以此为依据来控制他的"腿脚"（轮子）去运动。

图 3-4-1 TQD-MicroMouse615-1 型嵌入式微型机器人

1．控制电动机转动

TQD-MicroMouse615-1 型嵌入式微型机器人（见图 3-4-1）装有 2 个步进电动机，电动机使用 BA6845 芯片进行驱动。BA6845 芯片包含两个独立的 H 桥电路，IN11 与 IN12 控制 OUT11 和 OUT12 输出；IN21 和 IN22 控制 OUT21 和 OUT22 输出。通过主控制器给 IN 不同的高低电平来控制电动机进行正向转动、反向转动和停止。具体的控制方法依据真值表操作，真值表如表 3-4-1 所示。

表 3-4-1　BA6845FS 芯片真值表

IN11/ 21	IN12/22	OUT11/21	OUT12/22	模　式
L	H	H	L	正向
H	H	L	H	反向
L	L	开路	开路	停止
H	L	开路	开路	停止

通过 BA6845 芯片驱动电动机行走转弯的过程中，为了减少轮胎的打滑，降低车身的晃动，防止电动机的振荡与失步，一个有效的解决方案就是对电动机进行匀加减速的控制。由于使用的是步进电动机，它不能像直流电动机那样自动加减速，它的加减速需要通过设定节拍的频率来实现，详细的技术说明见配套光盘。

2．使用传感器获取信息进行姿势修正

由于左右轮摩擦以及初始位置方向不正，要使电脑鼠在直线的迷宫中正常运行，需要电脑鼠在前进的过程中不断调整姿势，以免碰到挡板。TQD-MicroMouse615-1 型嵌入式微型机器人（电脑鼠）是依靠身上装的 5 个型号为 IRM8601S 的红外一体传感器作为它的眼睛。如前所示，W1 与 RF1 组成红外线发射电路，控制红外线发射的端口连接到微控制器，在五组传感器里，RF1、RF3、RF5 共同连接到 PE0 端口；RF2、RF4 共同连接到 PB0 端口。红外接收头 U1 ~ U5 的输出信号分别连接到微控制器的 PB1 ~ PB5 端口。通过调节电阻 W1 可以改变驱动电流，从而改变机器人五只"眼睛"的"视力"。

电脑鼠在迷宫中的理想姿势是处于迷宫格的中央，且前进方向平行于挡板，在这种状态下电脑鼠才不容易碰触挡板，如图 3-4-2 所示。U1 ~ U5 为红外接收头传感器。RF1 ~ RF5 为发送红外线的装置。W1 ~ W5 用来调节发射红外线的强度，即用来调节传感器的检测范围，如图 3-4-2 所示。

根据传感器的安装角度，可以分为两组：U1、U3、U5 为一组，分别用来检测左前右三个方向的挡板信息；U2、U4 为一组，主要用来修正电脑鼠的姿势。

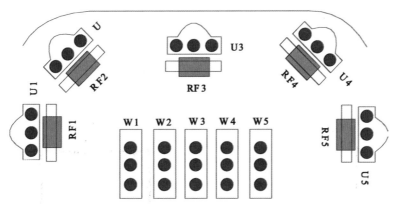

图 3-4-2　TQD-MicroMouse615-1 型嵌入式微型机器人传感器布局

　　那么，什么时候需要姿势纠正呢？如图 3-4-3 所示，电脑鼠此时处于最佳的姿势，是不需要修正的。图 3-4-4(a) 中电脑鼠前进方向偏离，需要调整姿势，否则就会撞向左侧挡板。图 3-4-4(b) 中电脑鼠平行靠近左侧，这时也应该调整，使电脑鼠走到中间去。图 3-4-4(c) 中电脑鼠前进方向偏移且接近左侧，按照图中的情形是不需要修正的，因为电脑鼠在下一个时刻就会跑到迷宫格的中间去。

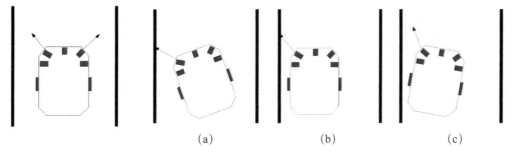

| | (a) | (b) | (c) |

图 3-4-3　正常姿势　　　　　　　　图 3-4-4　左侧位置偏差示意

　　图 3-4-4 指的是电脑鼠在迷宫格左侧发生偏移的校正方法，当电脑鼠在右侧发生偏移的校正方法与之相同，下面介绍如何使用传感器来检测位置偏差。图 3-4-4 和图 3-4-5 里有一段带箭头的线段，这是传感器 U2 检测示意。线段的长度代表传感器 U2 能够探测的距离。

　　可以看出，图 3-4-3 和图 3-4-4(c) 图，传感器 U2 探测不到挡板，即不需要修正；图 3-4-4 中的 (a) 图和 (b) 图，传感器能够探测到墙壁，这时就需要修正姿势。当电脑鼠接近右挡板时，修正方法相同，只是此时用来判断的传感器是 U4。如图 3-4-5 所示，假设只有左侧存在挡板，当电脑鼠靠近左侧时的修正方法与前面相同。

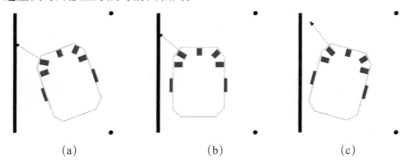

| | (a) | (b) | (c) |

图 3-4-5　左侧位置偏差示意

当电脑鼠靠近右侧时，由于右边没有挡板，出现图3-4-6所示情况，这时就要使用正左方的U1传感器，当U1检测到左方存在挡板，且距离挡板的距离太远时，电脑鼠就应该向右靠，以达到修正的目的。

当只有右边有挡板时的修正情况与之相似。如图3-4-6所示，当电脑鼠处于图中所示的位置时，用于左右修正姿势的U2、U4传感器探测到的是前方的挡板，这样就会为姿势修正带来误判，如图3-4-7所示。所以当前方存在挡板时，应当不处理U2和U4的检测结果。

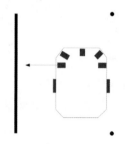
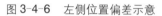

图3-4-6 左侧位置偏差示意

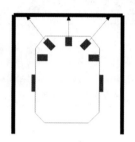

图3-4-7 前方存在挡板

总结上面姿势调整的方法可以发现，当发现左边信号强于右边时，应向右转，当右边信号强于左边时应向左转。调整的核心问题应是当发现需要对姿态进行纠正时，如何合理控制其左转右转的速度。理想的姿态修正应使电脑鼠不仅可以很快地回到中心线而且在中心线附近的振荡越小越好。为了满足以上两个要求，我们可以采用数字PID算法，比例控制具有快速对现状进行修正的特性，是系统纠正更加灵敏快速，积分控制具有利用历史状态进行修正的特性，可以提高系统的稳定性，微分控制具有利用系统未来状态进行修正的特性，可以改善系统的动态特性。感兴趣的读者可以参考配套光盘介绍的PID算法姿势调整实现办法。（想让诚诚走的帅，这是必要的。）

通过上面的讲解我很容易想到，让机器人智能化的自行运动，就必须使他的"眼睛"和"腿脚"结合在一起工作。那么，该怎么做呢！

任务实施

嵌入式微型机器人程序开发环境前面已经介绍过了，按照前面介绍的方法我们开始编写程序来让机器人开始运动。在编写程序时，我们要分如下几个步骤来进行：

（1）首先要对控制单元、传感器单元、显示单元及电动机单元进行初始化。主要包括控制单元端口的定义，电动机转速的设定等。

（2）扫描按键，等待启动指令。

（3）步进电动机依据第一步设定的速度转动前进，传感器实时检测路径信息，并对姿态做出相应调整。

（4）当发现前方有障碍时，停止前进。

程序流程图如图3-4-8所示，具体程序代码请参见光盘资料第三篇嵌入式微型机器人带有姿态调整的直线运动程序。

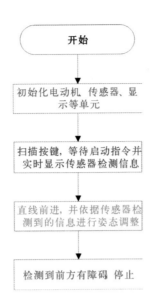

图 3-4-8　直线运动程序流程图

程序主程序代码如下所示，我们使用不同颜色的字体来将程序流程框图和程序代码进行对应，完整的参考程序见光盘。

```
main (void)
{// 初始化电动机、传感器、显示等单元
uint8 StartFlag=0;                                      // 启动标志
SysCtlClockSet(SYSCTL_SYSDIV_4|SYSCTL_USE_PLL|SYSCTL_OSC_MAIN|SYSCTL_XTA
L_6MHZ);                                                // 使能 PLL, 50M
SysCtlPeripheralEnable( SYSCTL_PERIPH_GPIOB );          // 使能 GPIO B 口外设
SysCtlPeripheralEnable( SYSCTL_PERIPH_GPIOC );          // 使能 GPIO C 口外设
SysCtlPeripheralEnable( SYSCTL_PERIPH_GPIOD );          // 使能 GPIO D 口外设
SysCtlPeripheralEnable( SYSCTL_PERIPH_GPIOE );          // 使能 GPIO E 口外设
zlg7289Init();                                          // 显示模块初始化
keyInit();                                              // 按键初始化
sysTickInit();                                          // 系统时钟初始化
sensorInit();                                           // 传感器初始化
stepMotorIint();                                        // 步进电动机初始化
// 扫描按键, 等待启动指令并实时显示传感器检测信息
while (keyCheck()==false) {                             // 等待按键
    delay(20000);
    sensorDebug( );                                     // 传感器状态显示
    }
    zlg7289Reset( );                                    // 复位数码显示
    while(1)
    {
      if (keyCheck()==true)                             // 检测按键等待启动
      {
        StartFlag=1;
      }
// 直线前进, 并依据传感器检测到的信息进行姿态调整
if(StartFlag){                                          // 启动电脑鼠
      if (GucDistance[FRONT]==0)                        // 前方无挡板, 直走
```

```
        {
            mazeSearch();                        // 搜索前进
        }
// 检测到前方有障碍，停止
        else                                     // 停机等待
        {
            StartFlag=0;
            while (1)
            {
                if (keyCheck()==true)            // 检测按键等待启动
                {
                    StartFlag=1;
                    break;
                }
                sensorDebug();                   // 传感器状态显示
                delay(20000);
            }
        }
    }
}
```

知识、技能归纳

　　嵌入式微型机器人直线运动过程中，姿态的调整是至关重要的环节，不然机器人就会碰壁。想要达到优美的姿态调整，传感器对墙壁的"观察"很重要。提醒大家一定仔细调试传感器，使其具有良好的"视力"。

工程素质培养

　　任务实施中，学会硬件调试和软件调试相结合的方法，才能使设备达到最优状态。

任务五　嵌入式微型机器人的转弯控制

任务目标

　　1. 掌握嵌入式改变微型机器人运动方向的方法；
　　2. 通过编写程序控制机器人原地转弯。

前面已经介绍了含有姿势修正的走直线运动。那么，在实际的应用中机器人只是单纯地走直线运动是不行的，我们还需要它能够转弯。那么，如何使机器人转弯呢？

　　机器人转弯和我们人类相似，其转弯的形式基本包括：左转90°、右转90°和后转180°三种模式，下面我们来具体看一下：

　　1. 90°转弯

　　90°转弯分为左转90°和右转90°，虽然有左右之分，但其实质是一样的。下面我们以右转90°为例介绍90°转弯。

一般地，90°转弯有两种实现方式：一种是在前进中转弯，在前进过程中，使车体外侧电动机快转，车体内测电动机慢转就可以实现这种转弯，如图3-5-1所示，外侧电动机和内测电动机的转速差越大，车体转弯的角度越小，反之则转弯的角度越大，实际操作时要根据转弯口的实际情况来调整外侧电动机和内测电动机的转速差；另外一种方式是原地转弯，即车体先停在转弯口处后，车体外侧电动机正转，车体外侧电动机反转，实现这种转弯方式，如图3-5-2所示。

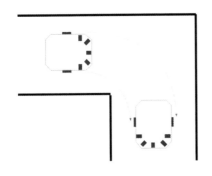

图3-5-1　前进中转弯

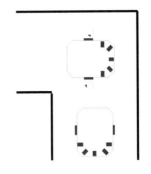

图3-5-2　原地转弯

比较两种转弯方式，第一种前进中转弯可以节约时间，效率较高，但是第二种转弯控制较为简单。对于初学者建议采用第二种转弯方式控制嵌入式微型机器人。

2.180°转弯

嵌入式微型机器人的180°转弯，只能采用一侧电动机正转，另一侧电动机反转的方式来完成转弯，如图3-5-3所示。而前面说到的车体一侧电动机快转，另一测电动机慢转的方式在这里就不适用了。

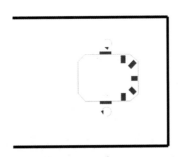

图3-5-3　180°转弯

3.转弯时机

无论是90°转弯还是180°转弯，嵌入式微型机器人转弯时，转得太早和太晚都不行，因为这样很容易撞到挡板。最理想的方式是转弯完成后，还是停留在迷宫格的中心线上，这样不需要姿势修正就能够继续快速前进。

想要让机器人转弯后停留在迷宫格的中心线上，就要求机器人在准备转弯时必须停在迷宫格的中心，且转动时转动的角度刚好。转弯的角度是由控制左右步进电动机转动的步数实现，值得大家注意的是，由于电动机自身的误差和车体的惯性等原因，要使电脑鼠在转弯前停止在迷宫格的中心实际上是比较困难的。

注意：在转弯的过程中不要进行姿势修正，这样有可能导致转弯的角度出现偏差。即嵌入式微型机器人只是在前进的过程中才进行姿势修正。

4. 任务实施

按照前面介绍的方法我们开始编写程序来让机器人原地转弯。在编写程序时，我们要分如下几个步骤来进行：

（1）首先要对控制单元、传感器单元及电动机单元进行初始化。主要包括控制单元端口的定义，电动机转速的设定等。

（2）扫描按键，等待启动方式指令。

（3）第一次按键被按下时，执行一次右转弯 90°：控制右侧电动机向后转动 41 步，左侧电动机向前转动 41 步，形成右转弯。

（4）第二次按键被按下时，执行一次左转弯 90°：控制右侧电动机向前转动 41 步，左侧电动机向后转动 41 步，形成左转弯。

（5）第三次按键被按下时，执行一次 180° 转弯：控制右侧电动机向后转动 82 步，左侧电动机向前转动 82 步，形成后转弯。

程序流程图如图 3-5-4 所示，具体程序代码请参见光盘资料第三篇嵌入式微型机器人的转弯控制程序。

值得注意的是，程序中实现不同转弯所控制的电动机转动步数是结合实际调试得到的，这个数据并不是固定的，需要使用者根据实际平台调试得出，依据场地摩擦力等情况的不同，在任务实施时实施者可以通过改变 mouseTurnright( )、mouseTurnleft( )、mouseTurnback( ) 三个子函数中的参数进行调整。

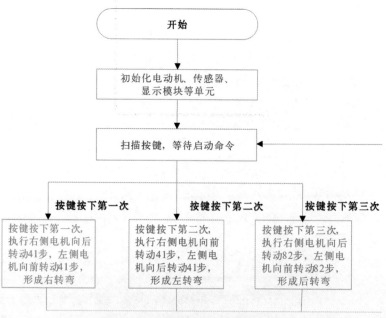

图 3-5-4　原地转弯运动程序流程图

主程序代码如下所示，我们使用不同颜色的字体来将程序流程框图和程序代码进行对应，完整的参考程序见光盘。

```
main (void)
{
// 初始化电动机、传感器、显示模块等单元
SysCtlClockSet( SYSCTL_SYSDIV_4 | SYSCTL_USE_PLL | SYSCTL_OSC_MAIN |
SYSCTL_XTAL_6MHZ );
// 使能 PLL，50M
SysCtlPeripheralEnable( SYSCTL_PERIPH_GPIOB );        // 使能 GPIO B 口外设
SysCtlPeripheralEnable( SYSCTL_PERIPH_GPIOC );        // 使能 GPIO C 口外设
SysCtlPeripheralEnable( SYSCTL_PERIPH_GPIOD );        // 使能 GPIO D 口外设
SysCtlPeripheralEnable( SYSCTL_PERIPH_GPIOE );        // 使能 GPIO E 口外设
zlg7289Init();                                        // 显示模块初始化
ADCInit();                                            //ADC 初始化
keyInit();                                            // 按键初始化
sysTickInit();                                        // 系统时钟初始化
sensorInit();                                         // 传感器初始化
stepMotorIint();                                      // 步进电动机初始化
// 扫描按键，等待启动命令
while (keyCheck()==false) {                           // 等待按键
 delay(20000);
  sensorDebug();                                      // 传感器状态显示
  voltageDetect();                                    // 电池电压检测
    }
  zlg7289Reset();                                     // 复位数码显示
  while(1){
       static int8 Kcount=0;                          // 按键次数
       if(keyCheck()==true)                           // 检测按键
        {
         Kcount++;
         Kcount%=3;
        switch (Kcount)  {
// 按键按下一次，执行右侧电动机向后转动 41 步，左侧电动机向前转动 41 步，形成右转弯
       case 1:                                        // 右转弯
           mouseTurnright();
           break;
// 按键按下一次，执行右侧电动机向前转动 41 步，左侧电动机向后转动 41 步，形成左转弯
       case 2:                                        // 左转弯
           mouseTurnleft();
           break;
// 按键按下第三次，执行右侧电动机向后转动 82 步，左侧电动机向前转动 82 步，形成后转弯
       case 3:                                        // 后转弯
           mouseTurnback();
           break;
// 返回
       default:
           break;
         }
     }
    }
 }
```

知识、技能归纳

嵌入式微型机器人的转弯有2种实现方式，其目的是使机器人在良好的姿态下完成运动方向的改变，而达到这一目的的关键是转弯前后的姿态，所以转弯时机的选择很重要。另外，转弯角度依靠转弯时左右两侧电动机转动的步数来决定，可以通过调整转动步数来改变转动角度。

工程素质培养

任务实施中，由于步进电动机累积误差的原因，嵌入式微型机器人的转动角度会有少许偏差。我们在调试时应该注意观察这种现象，并通过现象出现的规律在程序软件编写时给予适当调整。

一起来回忆一下吧！

电脑鼠结合了机械、电动机、电子、控制、光学、程序设计和人工智能等多方面的科技知识。人类在科技的发展史上，一直在尝试着想要创造出一个具有肢体、感官、脑力等于一体的智能机器人，而电脑鼠就是一个能够用来诠释肢体、感官及脑力综合工作的基本实例，这也是当初电脑鼠被发明的理由。

一只电脑鼠是具有机电知识整合的基本架构，本身就像是一个智能的机器人。要在指定的迷宫中比赛，就像是一个人置身于竞赛中，必须要靠本身的判断力、敏捷的动作及正确探查周边环境，来赢得胜利。一般来说，一只电脑鼠须具备有下列三件基本能力：(1) 拥有稳定且快速的行走能力；(2) 正确判断的能力；(3) 记忆路径的能力。行走能力指的就是电动机，当电动机收到信号时，系统必须判断是否能同步行走，遇到转角时，转弯的角度是否得当，一个好的电动机驱动程序，可以减少行走时所需要做的校正时间。判断能力的关键就在于传感器，它的地位如同人类的双眼，一个好的传感器驱动程序，可避免一些不必要的错误动作，如撞壁、行走路线的偏移等。而记忆能力就像是大脑，它的功能并没有因为看不见而遭到忽视，相反地，它的地位在整场比赛中是最重要的，他必须把所走过的路都一一记下来，并将其资料送给系统，让系统整理出最佳路径以避开不必要的路段。

"电脑鼠"真棒，我们来比一比吧！成功非你莫"鼠"！

机器人技术应用

第四篇

任务型机器人系统设计与制作

通过前面嵌入式机器人的学习，你是不是已经开始对机器人的设计与制作着迷了呢？本篇将要介绍的机器人相比起"电脑鼠"来说，无论是体积还是功能都复杂了很多，因为阿宝需要更有力的机器人帮手来协助他完成"一桶"江湖的事业。

 任务一　阿宝送面条

 任务内容

阿宝的老爸平先生决定退休，把和平谷面馆正式传给了他的儿子神龙大侠——阿宝。为了扩大面条销量，阿宝开辟了面条外卖的业务。可阿宝面临的最大问题就是人手的短缺，于是身为"CEO"的阿宝不得不经常临时"客串"一把快递员的角色。为了让阿宝能够安心做好面条同时有时间练习武功，你需要帮助他来设计一款智能面条快递机器人。

1. 掌握机器人机械结构的设计；
2. 掌握中科机器人控制系统的硬件设计与制作；
3. 掌握与机器人相关元器件，如电动机，传感器，舵机的选择和使用；
4. 掌握常用的算法。

我们开始吧！先热热身，来认识一下机器人的平台！

一、认识一下机器人平台机械部分

阿宝的智能面条快递机器人现在还只是个小车平台，如图 4-1-1（a）所示，别着急，让我们来一步一步地认识它吧！机器人平台整体框架由铝合金制成，平面上铺满了一条一条的铝板，这个主要是考虑小车的重量问题，而且，我们以后还要在上面加装机械手，必须方便我们钻孔安装，所以铝板自然是不二的选择！如果你把平台小车翻过来，就会看到底部有三个轮子，但长得可不太一样，前面一个轮子比较小，后面两个轮子比较大。我们称这两个大轮子为"主动轮"，小车后端的两个大轮子内侧分别连接了两个直流电动机，如图 4-1-1（b）所示，别小看它们，它们可是驱动小车的动力，我们的机器人前进、后退、转弯正因为有了它们，才流畅自如。前面的轮子可以向 360°各个方向转动，所以我们叫它"万向轮"，如图 4-1-1（c）所示，很贴切吧！它是没有动力驱动的,完全靠后面两个大轮子推着走,所以我们又称它为"从动轮"。

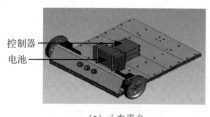

（a）小车平台　　　　　　　（b）主动轮　　　　　　（c）万向轮

图 4-1-1 小车的平台

驱动主动轮的两个直流电动机全称是直流减速电动机，是普通的直流电动机加上一个齿轮减速箱构成。这样主要是为了获得较低的转速和更大的力矩，也就是可以有更大的力量拉更多的东西，面条装得多，才能提高效率，多赚钱嘛！

这个就是阿宝买的小车平台的硬件框架了，很简单吧？但是好像除了上面所说的这些东西外，还有很多其他的东西，比如铝板上面那 3 层电路板是做什么的？还有那么多按钮、电线、传感器、电池……真是有些眼花缭乱了，别急，英雄自有出处，这些其实都是属于小车的控制系统部分。

大家可要注意呀，机器人长得并不都像我们人类的模样呀，只要是能够实现自动控制功能的设备都可以叫做机器人，本篇介绍的机器人长得就像车呀。图 4-1-2 中是一款拥有一对直流电动机，配有控制器、传感器的运动小车平台，小车的主动轮属于后置情况，图 4-1-3 属于小车的主动轮中置的情况，两者的转弯半径如图 4-1-4 所示，小车主动轮后置转弯半径大于中置的情况。下面我们就认识一下主动轮后置的这个平台。

车轮
后置

图 4-1-2 小车轮后置的实物图

车轮
中置

图 4-1-3 小车轮中置的实物图

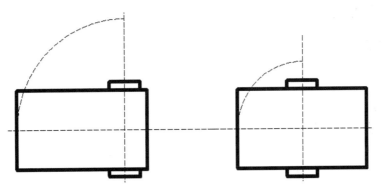

图 4-1-4 小车轮后置与中置转弯半径的比较图

小车轮轮毂材料为铝合金，轮缘上有三个环槽，各嵌入一个橡胶的 O 形圈，如图 4-1-5 所示，这个轮子就相当于机器人的脚了。大家想一想，为什么机器人的轮子做成这种样式？

这种样式的轮子通过环槽减轻了车轮重量，嵌入的橡胶圈能缓解机器人运动过程中的振动，保证了很好的强度与韧性，O 形圈还能保证在车轮与地面滚动时有较好的摩擦力。

机器人车身（见图 4-1-6）为铝合金型材框架结构，上面覆以多块可拆卸的铝合金薄板，结构牢固，组拆方便。车身的平板结构还能便于控制器等其他零部件的安放，更能保证零部件的平稳。2011 年全国职业技能大赛机器人项目就是在这个车身上给机器人设计安装机械手臂及物料仓等。

机器人动力来自直流电动机（见图 4-1-7），采用直流电动机主要有以下几个原因：

（1）直流电动机具有良好的启动特性和调速特性，调速范围宽广，能够让机器人的速度在很大的范围内受控制；

图 4-1-5 小车轮毂和胶圈图

（2）直流电动机具有很高的快速响应性，使机器人机灵，不迟钝；

（3）低速时输出的转矩大，满足机器人在低速时也有足够大的力气；

（4）直流电动机具有好的机械特性和调节特性，转速则随电压的变化而线性调节，这样我们就容易控制它的行动了。

图 4-1-6 大赛中的机器人车身

图 4-1-7 机器人的直流电动机

当然，还有其他因素了，比如有体积小，重量轻，维护方便，高效节能等。

机器人采用的直流电动机是功率为 70W 的直流电动机，用 4 个螺栓固定，保证机器人在运动过程中稳定可靠。

为什么选用70W的电动机？依据是什么？

下面我们就来解释一下：

本款机器人重量大约为 10 kg，那么轮子与地面的摩擦力 F 最大不会超过 100N。

轮子的直径 d 为 20cm，那么每个电动机的最大负载转矩 T 为 5N·m，轮子的最大转速 ω_m=14 rad/s，那么根据 $P=T\omega$，可知电动机功率选择 70W 可以满足要求。

这里值得说明一下，电动机的功率选择的依据参量均用最大值，主要为机器人的功率选择了 1.5～2 的安全系数。

二、认识一下机器人平台控制部分

我们的机器人平台控制系统包括 16 路巡线传感器、传感器信号处理板、主控制板、电动机驱动板和其他扩展部件组成，如图 4-1-8 所示。

图中点画线框中的部分是机器人平台已经配备的部分，其他部分需要我们根据送面条的机器人的上部机构的动作情况来自行设计。

1. 主控制板

主控制板是机器人的大脑，承担着信息接收、处理、外部设备控制的重要任务，主控制板中处理器选用了 STC12C5A60S2 芯片为主控芯片，控制板支持两大类输入，即 16 通道专用巡线传感器输入和 8 通道传感器输入；输出也支持两大类，即可调速行走电动机控制输出和不可调速行走电动机控制输出；具有一个可扩展接口。

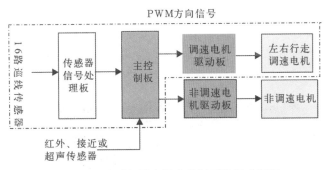

图 4-1-8 自动机器人平台控制系统组成框图

STC12C5A60S2 单片机是 40 个引脚的单片机，共有 35 个 I/O 接口，其中，P0、P2 和 P4.6 口用于输入，共 17 个端口，P1 和 P3 部分接口用于输出，共 12 个端口，具体功能和参数可以参考光盘中《STC12C5A60S2 数据手册》。

主控制板实物如图 4-1-9 所示。图中，12V 电源输入插座连接 12V 电源，12V 电源输出插座连接传感器信号处理板的 12V 电源插座（注意板子上的电源正极标志，不要插反），巡线传感器输入接口用于连接传感器信号处理板，启动按钮输入插座连接面板上启动按钮，左右车轮电动机接口连接驱动板上的电动机信号控制插座，程序下载接口用于程序的在线下载，8 通道传感器输入接口可以用于连接 8 个 NPN 型传感器，非调速电动机输出接口用于上部机构各种电动机的控制。

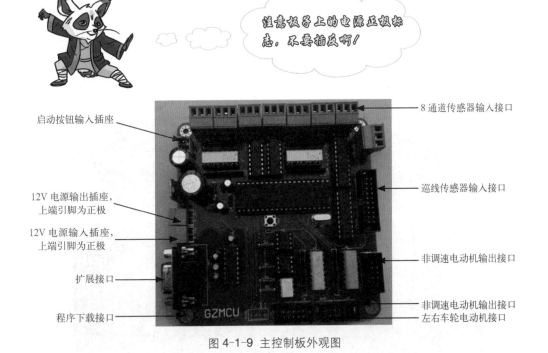

图 4-1-9 主控制板外观图

第四篇 任务型机器人系统设计与制作

95

2．巡线传感器

巡线传感器如图 4-1-10 所示，图中，光源发射部分采用了 16 个高亮 LED 发射管，用 16 个光敏电阻接受地面反射回来的光线，输出插座连接传感器信号处理板的巡线传感器输入接口。

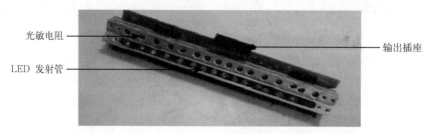

光敏电阻 —

LED 发射管 —

— 输出插座

图 4-1-10 巡线传感器

3．传感器信号处理板

传感器信号处理板电路板实物如图 4-1-11 所示。图中，巡线传感器输入接口连接安装在机器人平台底部的 16 路巡线传感器；信号输出接口连接单片机控制板，插座接 12V 电源。

巡线传感器输入接口主要是用于接收 16 路巡线传感器信号，为了减少对单片机端口的占用，使用了 2 片 74HC245 总线驱动电路构成对单片机 P2 口的复用，用单片机 P4.4 口的信号加以控制。当 P4.4 为低电平时，P2 口接收到的是 16 路传感器的低 8 位信号 QQ0 ～ QQ7，当 P4.4 为高电平时，P2 口接收到的是 16 路传感器的高 8 位信号 QQ8 ～ QQ15。

16 路巡线传感器将采集到的地面白条信息送入本电路板，对于采集的信息先进行放大处理，放大后的信号与标准电压比较，保留白条反射的有效信号，过滤掉地面背景反射信号，有效信号再通过稳压、反向、放大处理后送入单片机控制板，同时用发光二极管的亮暗指示当前某路传感器是否在地面白条上。

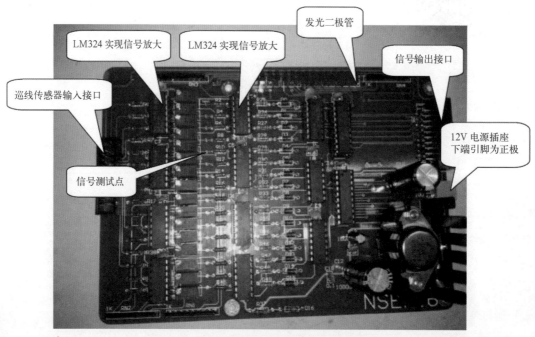

发光二极管

LM324 实现信号放大

LM324 实现信号放大

信号输出接口

巡线传感器输入接口

12V 电源插座
下端引脚为正极

信号测试点

图 4-1-11 传感器信号处理板电路板实物图

注意板子上的电源正极标志，不要插反啊！

16路巡线传感器将采集到的地面白条信息送入本电路板,对于采集的信息先进行放大处理,放大后的信号跟标准电压比较,保留白条反射的有效信号,过滤掉地面背景反射信号,有效信号再通过稳压、反向、放大处理后送入单片机控制板,同时用发光二极管的亮暗指示当前某路传感器是否在地面白条上。传感器信号处理板原理框图如图4-1-12所示。

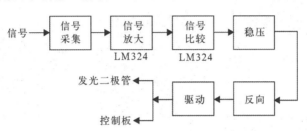

图4-1-12 传感器信号处理板原理框图

4. 电动机驱动板

电动机驱动板接受主控制板发来的电动机 PWM 脉宽调制信号和方向信号,驱动机器人平台上的 2 个 24V 直流减速电动机。利用 PWM 信号占空比的不同,来控制电动机的不同转速;利用方向信号,控制直流电动机的正反转,从而实现机器人平台的前进、后退和转弯。电路板实物如图 4-1-13 所示。控制信号插座连接主控制板,24V 电源插座接 24V 电源(注意板子上的电源正极标志,不要插反),左右电动机输出插座接左右电动机。

图4-1-13 驱动板外形图

注意板子上的电源正极标志，不要插反啊！

5. 机器人控制系统的装配

将三个电池固定在平台上。将传感器信号处理板、电动机驱动板、主控制板从下至上叠加在一起，固定在平台上。连接信号线：用 20 芯排线连接 16 路巡线传感器的输出和传感器信号处理板的传感器输入接口；用 20 芯排线连接传感器信号处理板的信号输出接口与主控制板的 16 路传感器输入接口；面板上的启动按钮连接主控制板的启动按钮插座；用 10 芯排线连接主控制板的左右车轮电动机接口与电动机驱动板的控制信号接口；左右车轮电动机连接电动机驱动板的左右电动机输出插座。连接示意图如图 4-1-14 所示。

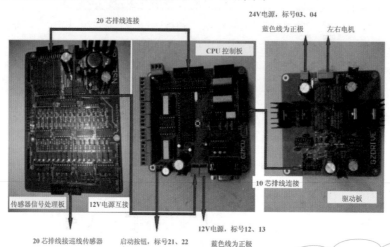

图 4-1-14 控制系统的连接图

要想今后让机器人帮你送面条，你现在就得辛苦些，先从设计送面条机器人开始，Let's go！

都认识了吧，控制信号连接后，我们可以开始完成任务了！

子任务一 送面条小车在没有白线的场地上走出一个正方形

🖱 任务内容

阿宝的项目开始启动了。首先到商店买一个小车底盘，底盘两侧有两个直流电动机，每个电动机上装了个胶皮车轮，底盘前部装了个万向轮，在小车底盘上还有控制器和蓄电池。现在，可以让小车在没有白线的场地上先走出一个简单的正方形轨迹，看看这个小车的机动性能怎么样，它可是未来智能面条快递机器人的基础，哈哈！

任务目标

1. 掌握直流电动机的电路接线；
2. 掌握直流电动机驱动程序的设计。

大家一起来，一步步来做吧！

一、电动机如何连接到控制器上

直流电动机通过螺钉固定在小车上，转子连接小车的主动轮轮毂，当向直流电动机提供直流电源时，电动机就带动整个转子旋转，小车就走起来，如图 4-1-15 所示。

机器人的脚（轮子）被电动机驱动，那么电动机受谁控制呢？大家想一想，我们知道人的脚是被大脑控制，对于机器人来说，大脑就是控制器，所以机器人的电动机被控制器控制。我们知道，控制器种类繁多，这里采用宏晶公司的增强型 51 单片机 STC12C5A60S2，如图 4-1-16 所示，它是高速 / 低功耗 / 超强抗干扰的新一代 8051 单片机，指令代码完全兼容传统 8051，但速度快 8 ~ 12 倍。内部集成 MAX810 专用复位电路，2 路 PWM，8 路高速 10 位 A/D 转换（25 万次 / 秒），是控制电动机的理想控制器。控制器控制电动机的转速采用脉宽调制（PWM），PWM 控制方式低速性能好，稳态精度高，调速范围宽。

图 4-1-15 机器人小车的电动机与主动轮的安装图　　　图 4-1-16 增强型 51 单片机

直流电动机的转速和方向则需要通过一些驱动电路如脉宽调速 PWM 来实现，控制器产生脉宽调速信号来控制电动机，电动机必须要连接到控制器的控制端口上。

那么电动机能不能直接连接到控制器上呢？

电动机当然不能直接连接到控制器上，因为控制器控制端口的负载能力有限，不能驱动电动机运转；如果电动机与控制器直接相连，电动机运转过程中会向控制器中引入噪音干扰，严重影响控制器的性能。

那应该怎样控制直流电动机呢？

那么电动机不能直接连接到控制器，那应该怎么连接呢？我们需要采用驱动电路和光电隔离装置将电动机和控制器连接起来。控制器的 P1.4 和 P1.3 管脚输出 PWM 信号控制电动机转速，如图 4-1-17 所示，PWM 信号变化速度快，一般的光耦满足不了要求，因此这里选用高速光耦 6N136 芯片。控制器的 P1.2 和 P1.5 管脚控制电动机的方向，采用普通光耦 TLP521 来隔离，如图 4-1-18 所示。

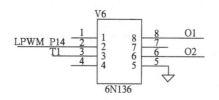

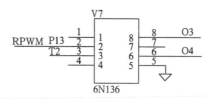

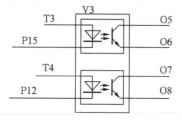

图 4-1-17 PWM 与高速光耦　　　　图 4-1-18 普通光耦 TLP521 引脚图

在控制器与驱动器之间加上光电耦合器件主要是提高干扰能力！注意，数字地和模拟地要隔离！

电动机需要较大的驱动电流，因此还得有驱动电路为电动机的运转提供足够的能量。直流电动机的驱动放大电路有分立式和集成式。分立式就是由晶体管和场效应管构成的全桥脉宽调制（PWM）电路来控制电动机，但是这种电路复杂。集成式能够大大简化电路。

考虑到机器人的供电电压为 12 V，电流为 0.3 A 及尺寸等因素，采用采用 L298 构成驱动电路。L298 是 ST 公司生产的一种高电压、大电流电动机驱动芯片，如图 4-1-19 所示。该芯片的主要特点是工作电压高，输出电流大，瞬间峰值电流可达 3 A，持续工作电流为 2 A；内含两个 H 桥的高电压大电流全桥式驱动器，满足直流电动机对驱动电压和电流的具体要求。L298 的 4 个输出管脚 OUT1、OUT2、OUT3、OUT4 分别与左右轮驱动直流电动机的两端相连。由 STC12C5A60S2 单片机输出 PWM 波来控制 L298 的输出。控制电动机的输出情况如表 4-1-1 所示，其中，ENA 为芯片的使能信号，A、B 分别为直流电动机的两个接线端，H、L 分别为控制信号的高低电平。使能端高电平有效，通过对 A、B 端高低电平的控制，实现对电动机正转、反转、停止的控制。

控制器的 STC12C5A60S2 单片机、光耦隔离和驱动电路的实际电路板实物如图 4-1-20 所示。

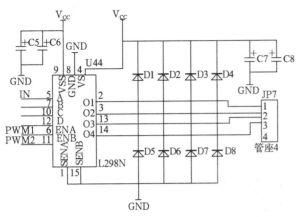

图 4-1-19 电动机驱动芯片 L298 及电路

图 4-1-20 STC12C5A60S2 单片机控制器

表 4-1-1　控制电动机输出情况

ENA	A	B	电动机运行情况
H	H	L	正转
H	L	H	反转
H	B	A	快速停止
L	X	X	停止

机器人要不停地行走，如何向它提供电源呢？这里给它背上蓄电池，它就有能源啦。

二、电池如何连接到控制器上

电源的性能直接影响机器人的控制性能，电源能够输入稳定的电压是首要的条件，通过 12V 的蓄电池向机器人的各部分供电，受到蓄电池内部构造的影响，蓄电池供电电压很不稳定，而单片机的供电电压要求是稳定的直流 5V，我们采用三端稳压器 7805 来为单片机供电，如图 4-1-21 所示。为控制器提供稳定的 5V 电压。大家想一想为什么 7805 的输入端和输出端都要并联电容呢？根据电容通低频和储能的特性，并联到 7805 输入端的电容是为了滤掉输入电源中的杂波，输出端并联电容也能去除输出电压中噪声，它犹如一个蓄水池，输入水源流入时大时小（波动），不会影响输出水的稳定性，因此 7805 能更好地输出平稳的供电电压，如图 4-1-22 所示。

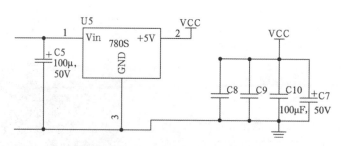

图 4-1-21 三端稳压器 7805 及电路

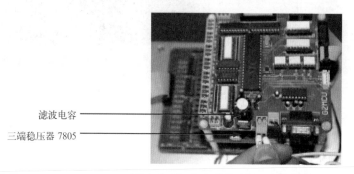

滤波电容 ————
三端稳压器 7805 ————

图 4-1-22 电压芯片 7805 在控制板上的安装

三、给机器人连接电源

连接电源线：12V 电源线连接主控制板的 12V 电源输入插座；主控制板的 12V 电源输出插座连接传感器信号处理板的 12V 电源输入插座；24V 电源连接电动机驱动板的 24V 电源插座。连接电源时，务必确认主板上电源插座的正负极，切勿插反。连接示意图如图 4-1-23 所示。

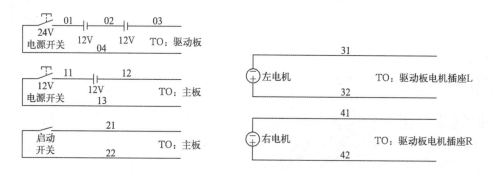

图 4-1-23 面板与线路板之间的连接

四、开始第一次的编程调试

计算机与控制器的数据线如何连接？

要想将人的想法应用到机器人上，需要采用程序来实现。在上位机编制的程需要专用通道才能传输到机器人的控制器中，这个通道一般采用串行 RS-232 总线序，若计算机上没有串口，可通过 USB 转串口线来实现，如图 4-1-24 (a)、(b) 所示。

(a) 控制板上的 RS-232 接口

(b) 计算机与控制器的连接实物图

图 4-1-24 控制板上的 RS-232 接口以及计算机与控制器的连接实物图

让我们开始编一个小程序吧！

在 keil C51 中编写"盲走"正方形主程序如下，详细程序请见光盘。

```
Void main()
{
    S_T();
for(i=0;i<4;i++)
{
    DIR_0=1;
    DIR_1=1;
    delay_ms(80);
    motor(r,f,65);      // 设置右轮方向速度
    motor(l,f,65);      // 设置左轮轮方向速度
    delay_ms(4200);     // 前进
    DIR_0=0;
    DIR_1=1;
    delay_ms(80);
    motor(r,b,65);
    motor(l,f,65);
    delay_ms(1800);     // 转弯
}
}
```

程序如何传给（下载到）控制器上呢？

我们首先关闭主电路板的 12V 电源，取出编程串口连接线，一头接在主电路板的 DB9 下载口，另一端接 PC 机箱后的 9 针串口。如果 PC 没有 9 针串口，可以使用 USB 转串口线。

打开 STC-ISP 在线下载软件，将编译好的程序进行下载，如图 4-1-25 所示。

打开 STC-ISP 在线下载软件，用串口连接线把电脑和主控板连接，当下载软件的显示框中出现"请上电……"的时候，按下 12V 电源按钮，进行程序的下载，下载结束，把 12V 电源按钮重新按起，关闭控制器电源，取下串口连接线，程序下载完毕，如图 4-1-26 所示。

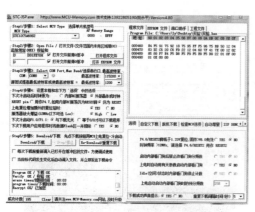

12V 电源
按钮

图 4-1-25 STC-ISP 在线下载程序界面图　　　　图 4-1-26 机器人小车电源开关

第一个程序下载喽，
让机器人动起来！

这只是万里长征的第一步，继续加油吧，Let's go!

子任务二　送面条小车沿直线运行

通过实验，这个小车的机动性能还可以，送面条没问题！下一步，为了检验小车上的巡线传感器灵不灵，我们让机器人沿直线运行一下，为自动送货做好准备，可不要着急呀！

人可以依靠眼睛来寻找路线，机器人呢？我们可以在地上画上引导线，让机器人沿着线走。

任务目标

1. 2路传感器如何连接到控制器上；

2. 2路传感器与直流电动机驱动配合的程序设计；

3. 送面条小车沿着白线运动，白线画到哪，面条就能送到。

任务实施

一、2路巡线传感器如何连接到控制器上

机器人之所以能够沿着白线循迹，主要是因为它有眼睛能够看到白线，传感器就是机器人的眼睛。能够检测到白线的传感器种类很多，这里采用光电传感器作为机器人检测白线的眼睛。光电传感器可以实现非接触性检测，响应时间短。由于以检测物体引起的遮光和反射为检测原理，所以不像接近传感器等将检测物体限定在金属，它可对玻璃、塑料、木材、液体等几乎所有物体进行检测。

> 机器人之所以能够看到白线，主要是因为光电传感器发出的光线经过被测物体反射后，由光敏元件接收，当照射在黑线上时，光线被黑线吸收，反射光较弱，照射在白板上时，发生漫反射，反射光较强。光敏原件可以检测到光强的不同，将光强信息转化为电压信号。通过单片机检测电压的不同来识别传感器是否处于黑线上。

> 现在大家知道机器人为什么能够看到白线了吧。那么机器人的眼睛又是如何连接到大脑控制器上呢上？

这里采用的是 IRT-20001/T 一体化的红外光电二极管，其外观如图 4-1-27 所示，传感器的接口电路如图 4-1-28 所示，其连接很简单，只需要将一根信号线 OUT 通过上拉电阻连接到 STC12C5A60S2 的控制管脚 P3.3 上，另外两根连接到电源的正极和地就可以了。

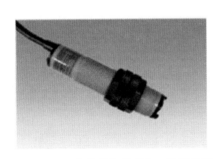

图 4-1-27 一体化的红外光电二极管外观

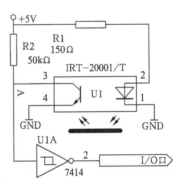

图 4-1-28 一体化的红外光电二极管接口图

大家想一想为什么要加一个上拉电阻呢？首先加上一个上拉电阻能够提高光电传感器的信号输出能力，另外规定了机器人检测的初始状态为高电平。

机器人看白线的过程：如图 4-1-28 所示，当被测物体是黑色物体时，红外光电二极管 U1 发射出的光，被反射回来的很弱，光敏三极管无法导通，所以 A 点此时为高电平，通过反相器 7414，控制器接收到的信号是低电平。当被测物体是白色物体时，红外光电二极管 U1 发射的光，被反射回来的很多，光敏三极管导通，所以 A 点此时为低电平，通过反相器 7414，控制器接收到的信号是高电平；控制器检测输入的电平就可以判断此时被检测物体是白色物体还是黑色物体。

　　按照图 4-1-28 将一体化的红外光电二极管与单片机的端口连接，图 4-1-29 和图 4-1-30 是信号线和电源线的连接操作图。注意规范喔！

图 4-1-29 信号线的连接　　　　　　　　图 4-1-30 电源线的连接

　　需要告诉大家的是，将光电传感器通过上面的方式连接到控制上，检测的距离比较近，并且容易受环境光干扰，有种比较可靠的方法是对红外光进行调制。由振荡电路产生 38 kHz 的脉冲信号，驱动红外二极管，向外发射调制的红外脉冲。红外接收电路（或红外接收头）对接收信号进行解调后输出控制脉冲。此方法检测距离远，抗干扰能力强，用在可靠性要求比较高的场合。图 4-1-31 所示。

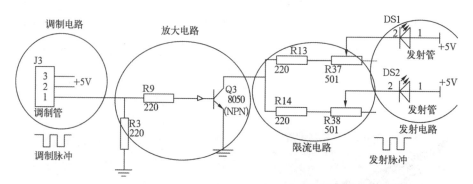

图 4-1-31 高可靠性的红外二极管驱动电路

　　大家在为机器人选择"眼睛"的时候必须注意的以下问题：

　　（1）如果选择反射式光电传感器：首先要注意的就是要根据不同的检测材料，确定适当的距离。具体的距离和具体的位置必须在现场调试。

　　（2）如果选择的是聚焦式光电传感器：在这种传感器的安装过程中，最主要的就是要确定聚焦点的位置，如果位置选择得不合适，就会使传感器失去作用。

　　（3）如果选择透射式光电传感器：一定要安装好遮光片，安装时一是要选择好材料，二是要特别注意其安装的位置。

二、2路巡线传感器在小车上的安装调试

2路巡线传感器在小车上是如何安装调整位置呢？如图4-1-32所示，为了使小车通过2路传感器巡线能更准确的前行，我们选择把2路传感器放在小车前端的中间部位，两个传感器之间的间距略宽于白线，如图4-1-33所示。

图 4-1-32 2路传感器装在小车前端

图 4-1-33 2路传感器的安装间距

2路巡线传感器的灵敏度如何调整？

安装的传感器往往因为位置和光线的强弱不同，影响其灵敏度，所以我们应该学会调整它的灵敏度。这是一个比较简单的事情，在传感器正常工作的环境下，只要你用小型的螺丝刀旋转传感器顶部的调节器就可以了。如图4-1-34所示。当传感器位于白线正上方的时候指示灯变亮，我们就把它调节到最佳状态了。

用十字头螺丝刀调节灵敏度 ——

图 4-1-34 传感器灵敏度的调整

至于调节原理吗，主要是通过电位器调节发光二极管的功率和光敏二极管的灵敏度，还有就是检测电路中门槛电压的大小。

三、小车上直行程序的编写与调试

理想状态，如果小车的两个轮子大小、速度完全相同，小车的结构完全对称，小车直行没有障碍，但正是有了物理结构上的不对称，小车在行走过程中可能就会偏离轨迹，因此，我们就要利用两个红外光电传感器进行方向纠正控制。

如何来写程序呢？同样需要利用流程图把我们的思路表达出来，利用 A 和 B 两路巡线传感器让机器人沿白色的直线或 S 线前进，控制器通过读取每个传感器的状态并编码，实现机器人的巡线，当检测到白线时，传感器输出为 1，检测到的是蓝色背景时，传感器的输出为 0，小车巡迹策略表如表 4-1-2 所示。根据编码表绘制的程序流程图如图 4-1-35 所示。

表 4-1-2　小车巡迹策略表

A 传感器（右）	B 传感器（左）	小车状态
0	1	左拐
1	0	右拐
0	0	前进

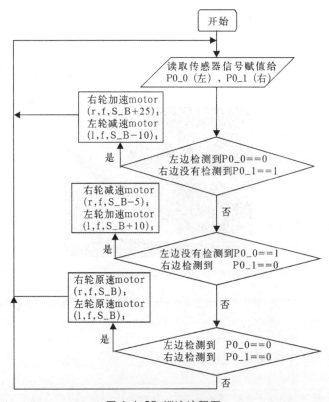

图 4-1-35 巡迹流程图

现在给大家解释一下为什么两个光电传感器之间的距离要略大于白线宽度，由于两个传感

器之间相隔一个比白线宽度大的距离，所以 AB 两路传感器不能同时检测到白线，即编码表 AB 不能等于 11。当白线处于两个传感器中间的时候，AB=00，机器人沿线前进，这就是两个传感器之间留有间隙的原因。

程序流程图绘制好了，接下来我们就用 C 语言把流程图表达出来，巡线关键的程序代码如下，完整的程序请参考光盘。自己试试吧！

```
/*===========================================================
【函数原形】:  void FOLL_FINE(unsigned int S_B)
【参数说明】:  S_B 机器人基准速度设置
===========================================================*/
void FOLL_FINE(unsigned int S_B)
{
 while(1)
 {
    motor(r,f,S_B); //【电动机驱动参数说明】: m表示电动机，z表示方向，n表示占空比
    motor(l,f,S_B);
    if((P0_0==0)&&(P0_1==1))   // 左边传感器监测到了白线，左转
    {
        motor(r,f,S_B+25);      // 右轮加速
        motor(l,f,S_B-10);      // 左轮减速

    }
    else if((P0_0==1)&&(P0_1==0))          // 右边传感器监测到了白线，右转
        {
            motor(r,f,S_B-5);      // 右轮减速
            motor(l,f,S_B+10);     // 左轮加速
        }
    else if((P0_0==0)&&(P0_1==0))          // 左、右边传感器都没监测到了白线
        {
            motor(r,f,S_B);        // 左、右轮以相同的速度、方向
            motor(l,f,S_B);
        }
 }
}
```

师弟，我们一起编程序，下载到机器人，让它跑一下！

让送面条小车沿着地上白线跑一下吧，白线画到哪儿，面条就能送到哪儿！看图 4-1-36 和图 4-1-37，你们亲手制作的机器人小车跑起来了。

图 4-1-36 小车直线运行图一

图 4-1-37 小车直线运行图二

当小车运行时，可能效果比我们想象的要差得多，但是大家不要泄气，只要认真查找原因，调节传感器的灵敏度、修改程序的参数，小车是可以巡线直走的。大家要知道，我们人类能够根据外界环境的变化做自适应调整，但是我们制作的机器人还不会自动调整，需要我们帮助它改变相应的参数，选用更好的传感监测元件，更科学的算法。

哈哈，机器人会走直线啦，让我们继续！

子任务三　送面条小车沿井格白线走Z字形

通过实验，这个机器人平台的机动性能和巡线功能都还可以，有点门儿了！下一步，为了让阿宝的智能面条快递机器人按照送货地址进行送货，我们用井式白线划分了辖区，白线交叉点是门牌号，让机器人沿着井式白线把面条自动送到客户手里，哈哈，还真有意思！

任务目标

1. 掌握 16 路巡线传感器的电路接线；
2. 掌握 16 路巡线传感器与直流电动机驱动配合的程序设计；
3. 送面条小车沿着方格白线运动并能数格。

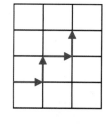

嘿，不要小瞧这个简单路径，它可是复杂路径的基础啊！

任务实施

一、16路巡线传感器在机器人平台上的安装

前面我们已经介绍了机器人平台上的 16 路巡线传感器，它由 16 个光电传感器组成。它能可靠地探测到地面白条及白条的十字交叉点。在安装时，一定要严格使 16 路巡线传感器的中心对准小车的中心才可以！如图 4-1-38 所示。16 路巡线传感器收到白线反射回来的光给单片机 1 信号，收不到白线反射回来的光给单片机 0 信号。

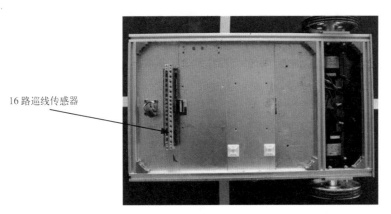

16 路巡线传感器

图 4-1-38 16 路巡线传感器安装示意图

二、16 路巡线传感器如何连接到控制器

我们选用的单片机所提供的 I/O 口只有 32 个，如果 16 路传感器与 I/O 口一一对应的话，将会足足占据 16 个 I/O 口，由于我们的送面条小车将来还要加其他的传感器和驱动装置，会造成 I/O 资源的严重不足，这可是我们不愿意看到的。

为了减少对单片机 I/O 的占用，我们使用了 2 片 74HC245 缓冲器构成对单片机 P2 口的复用电路，用单片机 P4.4 口加以片选控制，电路如图 4-1-39 所示。（74HC245 的资料请参考附赠光盘内容）。当 P4.4 为低电平时，P2 口接收到的是 16 路传感器的低 8 位信号 QQ0 ～ QQ7，当 P4.4 为高电平时，P2 口接收到的是 16 路传感器的高 8 位信号 QQ8 ～ QQ15。

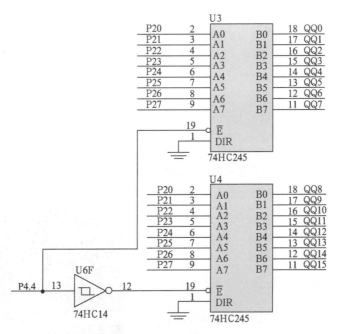

图 4-1-39 巡线传感器输入接口

三、16路巡线传感器的灵敏度如何调整

传感器就好比人的双眼，如果一个人的眼神不好，是不太容易走直线的。同样道理，咱们的送面条小车机器人巡线巡的准不准，与传感器的灵敏度有着很大的关系。所以在真正让它送货之前，必须要擦亮它的"眼睛"才行，这就需要我们将巡线传感器的灵敏度调到最佳状态，还等什么？跟着我们一起做吧！16路巡线传感器的调理接口电路如图4-1-40所示。

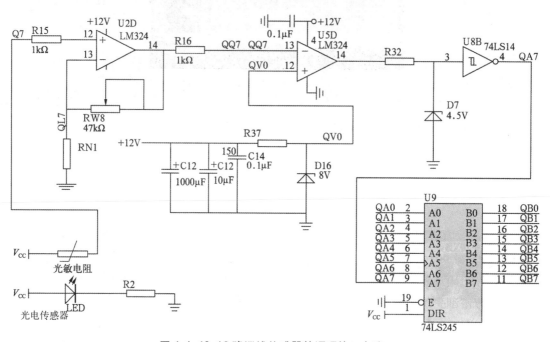

图 4-1-40 16路巡线传感器的调理接口电路

光敏电阻接收到白线反射回来的光，电阻变小，电路电压变大，经过第一个运放 U1 放大，到达第二个电压比较器，得到"0"信号（低电平），经过反相器变成"1"信号（高电平）给单片机。

光敏电阻接收不到白线反射回来的光，电阻变大，电路电压变小，经过第一个运放放大，到达第二个电压比较器，得到"1"信号，经过反相器变成"0"信号给单片机。

步骤一：机器人放到调试场地上，将机器人底部的 16 路传感器全部对准白条，打开 12V 电源开关，先测量此时 12V 电压数值，确保电源电压在 11.8V 以上，这是我们判断灵敏度的依据。如果达不到这个数值，就应给电池充电，如图 4-1-41 所示。注意，可靠的供电是机器人正常工作的保障！

步骤二：用万用表测量测试点的电压，并用螺丝刀调节电位器，使得电压在 9.5 ～ 10V 左右，如图 4-1-42 所示，此时，16 路巡线传感器上的 16 个指示发光二极管全亮。

步骤三：移动机器人，使机器人底部的 16 路传感器全部对准地面背景，此时 16 个发光二极管应该全部熄灭，测量测试点的电压，电压为 4 ～ 6V，如图 4-1-43 所示。

图 4-1-41 测量电源电压

图 4-1-42 测量电源电压

图 4-1-43 测量电源电压

想想，应该调那个电位器？

四、让我们开始编一个小程序

好了，我们已经擦亮了机器人的双眼，该告诉它如何送面条了，这可是它学会走直线后的升级喔。

通过数机器人走过的格子，可以得到机器人直行的距离了。

送面条的道路是由纵横交错的网格组成的。与前面的子任务二不同，由于 16 路传感器有了更多的传感器信号，我们可以利用它们来识别更为复杂的地面情况。由于地面是由纵横垂直相交的白线构成的，通过记录机器人走过的格子数目，我们就可以设计机器人运行的路线了。

那么怎样才能知道我们的送面条机器人走过几个格子呢？

我们可以通过记录白线的数目来完成这个功能，如果记录到一条白线后紧接着又记录到另一条白线信号，则意味着机器人走过了一个格子。

怎样才知道我们的送面条机器人走到白线上了呢？

还记得前面调整16路传感器的时候，应该是所有的16个信号都为高电平，说明机器人走到白线上了。其主要程序为：

```
...
sbit P4_4=P4^4;           // 读取 16 路传感器控制信号位
sbit WP_8=P2^0;           // 传感器高 8 位
sbit WP_9=P2^1;
sbit WP_10=P2^2;
sbit WP_11=P2^3;
sbit WP_12=P2^4;
sbit WP_13=P2^5;
sbit WP_14=P2^6;
sbit WP_15=P2^7;
...
 num=0;
     P4_4=0;
     if(WP_8) num++;      // 低位
     if(WP_9) num++;
     if(WP_10) num++;
     if(WP_11) num++;
     if(WP_12) num++;
     if(WP_13) num++;
     if(WP_14) num++;
     if(WP_15) num++;
     ...
     if(num>8)            // 如果有 8 路都检测到了白线，那么可以认为机器人在白线上
     {
         c=c+1;           // 记录格子数目
     }
...
```

上面这段程序仅仅是读了低8位的传感器信号，高8位可以通过P4_4=1来读取，效果是类似的。

接下来我们就要考虑让小车在井格上跑了，除了记录格子，我们还要考虑转弯的问题。由于场地上，白线之间的夹角都是90°，机器人一般都是作90°的顺时针或逆时针转。机器人转弯，按转弯半径，我们可以把转弯分为：零半径转弯（左右轮转速相同，转向相反）和非零半径转弯（左右轮转速不同，转向相同或相反）。零半径转弯，先要减速，停在转弯点上，然后再转；非零半径转弯是直接转弯，因此，非零半径转弯速度更快，但稳定性相对零半径转弯差。在这里，需要比较精确定位的，我们采用零半径转弯。

右转弯的流程图如图4-1-44所示。

图4-1-45是走Z形的流程图，详细程序见光盘。好了，这个时候，我们就可以用"前进一格→左转→前进一格→右转→前进一格→左转→前进一格"的方式完成我们一开始提出的任务了。

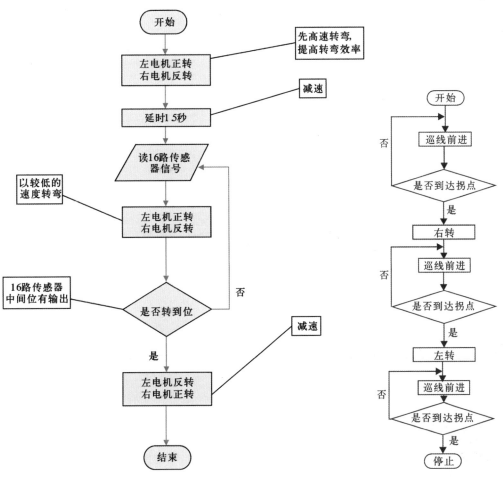

图 4-1-44 右转弯的流程图　　　　图 4-1-45 起 Z 形的流程图

左转弯就由我们来
完成吧。

```
/*==========================================================
【走 Z 形主程序】：STC12C5A60S2 单片机双 PWM 输出；16 位巡线功能；右转功能，轻载
==========================================================*/
#include <STC.H>
#include <intrins.h>
void main()
{
  P1=0xff;
  S_T();
  while(1)
  {
    FOLL_FINE(80,1,2);          // 基准速度为 80%，巡 1 个白条数
    TURN_90(r);
```

第四篇　任务型机器人系统设计与制作

115

```
        FOLL_FINE(80,1,2);              // 基准速度为 80%，巡 1 个白条数
        TURN_90(l);
        FOLL_FINE(80,1,2);              // 基准速度为 80%，巡 1 个白条数
        TURN_90(r);
        FOLL_FINE(80,1,2);              // 基准速度为 80%，巡 1 个白条数
        TURN_90(l);
        FOLL_FINE(80,1,2);              // 基准速度为 80%，巡 1 个白条数
        while(1)
        {   stop(rl);
        }
        }
    stop(rl);
}
```

五、让小车沿着地上井格白线跑一下吧

感觉怎么样？我们的机器人平台是不是走得平稳多了！这就是加上 16 路传感器后的效果。经过我们的努力，机器人再也不像喝醉酒一样走得歪歪扭扭了，而是可以根据我们预先设定好的路线，挨家挨户送面条了！是不是应该好好地庆祝一下呢？

子任务四 机器人手爪取放物料

通过实验，这个小车的机动性能和巡线功能都还可以，智能面条快递机器人可以挨照送货地址进行送货。下一步就是让面条快递机器人自动地把做好的面条拿到你的身边，这一过程就需要一个特制的机械手来实现，让我们继续加油吧！

任务目标

1. 掌握舵机的电路接线方式；
2. 掌握舵机驱动的程序设计；
3. 掌握用舵机驱动机器人手爪的机构。

任务实施

一、机器人手臂和手爪的组成

机器人取放物体主要靠它的手臂和手爪，要完成立体空间范围的抓取任务，必须使机器人有三个以上的自由度。考虑到机器人小车在平面的运动属于两个自由度，所以小车上部分的自由度再有一两个就可以了。在小车上我们可以设计两个自由度：一个仰俯摆动；一个左右摆动，各用一个 180° 舵机驱动，如图 4-1-46 所示。这样从机器人的末端看就有四个自由度了，完成面条的取放肯定没问题了。

在图 4-1-46 中，1 号舵机控制前端手爪的张合拿取物料；2 号舵机控制手臂的抬起和放下，旋转角度为 180°机；3 号舵机控制手臂水平旋转，旋转角度为 180°。

我们可以把上面的机械手臂简化成图 4-1-47 所示。

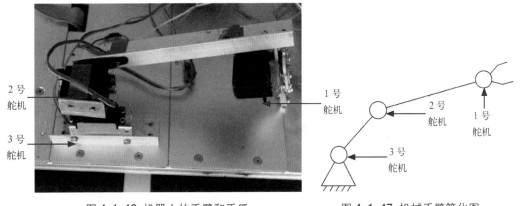

图 4-1-46 机器人的手臂和手爪　　　　图 4-1-47 机械手臂简化图

机器人就有了手臂了，真好！

二、舵机与控制板的连接

机械部分做得差不多了，三个舵机也装到机器人的臂和手爪上了。舵机不能直接接到电源上，因为它转动的角度必须可以控制。所以，它的工作方式应该是，首先通知舵机的设定角度，即用一定的电平表示。然后舵机去追踪这个角度，即得到相等的电平。设定角度的电平是数字化的即 PWM，它是通过专门的控制板产生的，舵机必须接到这个控制板上。

控制过程是这样的，我们将主控制器板与舵机控制板采用 RS-232 方式连接，主控制器将对舵机的控制命令发送给舵机控制板，舵机控制板输出 PWM 给机械手臂上的舵机，带动手臂运动，图 4-1-48 中进行了实物连接。舵机控制板的详细说明，请参看配套光盘的说明书吧。

图 4-1-48 主控制器板与舵机控制板、舵机的连接

三、让机器人手爪工作起来吧

通过下面一组图片（见图 4-1-49），大致看看机器人手臂及手爪动作情况。

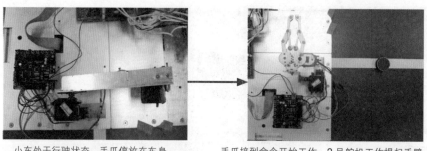

小车处于行驶状态，手爪停放在车身　　　手爪接到命令开始工作，2 号舵机工作提起手臂

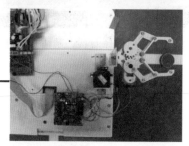

2 号舵机工作放下手臂，之后 1 号舵机工作加紧物品　　　手爪 3 号舵机工作，带动手臂旋转 90°

手爪 2 号舵机工作抬起夹住物品的手臂　　　手爪 3 号舵机再次工作，带动手臂旋转 90°

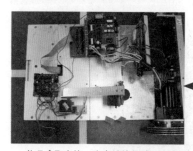

物品拿取完毕，小车继续行驶　　　2 号舵机工作放下手臂，之后 1 号舵机工作首开手爪

图 4-1-49　手臂及手爪动作情况

从上面的机械手臂的动作过程中，可以看出机器人的手臂活动范围是在图4-1-50的红色虚线范围内。

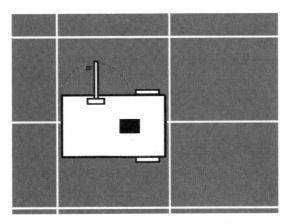

图 4-1-50 机器人的手臂活动范围

这里已经涉及了许多知识和技术，到光盘里看看吧！

动作真漂亮！来，师兄弟们一起来做这个手臂吧！

该你们喽！大家分组开始实施吧，制订工作计划，列出设备、元件、材料清单、工具清单，看看光盘里的资料够不够，也可以到网上查查资料。画出你们制作的电气图，把机械手臂系统搭建起来，编制程序，让机器人的手臂动起来，自己评价一下！

子任务五　红绿色面条的识别

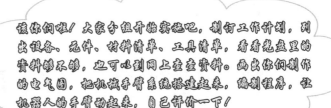

作为CEO的阿宝真不简单，为了扩大销量，阿宝研制了两种彩色面条，红色的西红柿面条和绿色的菠菜面条，颜色还真鲜艳呀！红色的西红柿面条要送到超市A，绿色的菠菜面条要送到超市B，面对两种彩色面条，机器人如何自动识别呢？阿宝又遇到难题了！

任务目标

1. 掌握两色传感器的选择、接线、调整、编程；
2. 掌握舵机控制器的编程。

任务实施

一、两色传感器的选择

识别颜色的方法有很多，大部分都是利用被测物光反射的原理。这里我们采用色标传感器来实现对红色、绿色的识别。

色标传感器常用于检测特定色标或物体上的斑点，它是通过与非色标区相比较来实现色标检测，而不是直接测量颜色。色标传感器实际是一种反向装置，光源垂直于目标物体安装，而接收器与物体成锐角方向安装，让它只检测来自目标物体的散射光，从而避免传感器直接接收反射光，并且可使光束聚焦很窄。

使用单色光源（即绿色或红色 LED）的色标传感器就其原理来说并不是检测颜色，它是通过检测色标对光束的反射或吸收量与周围材料相比的不同而实现检测的。所以，颜色的识别要严格与照射在目标上的光谱成分相对应。

在单色光源中，绿光 LED（565mm）和红光 LED（660mm）各有所长。绿光 LED 比白炽灯寿命长，并且在很宽的颜色范围内比红光源灵敏度高。红光 LED 对有限的颜色组合有响应，但它的检测距离比绿光 LED 远。通常红光源传感器的检测距离是绿光源传感器的 6～8 倍。

我们选择红光的色标传感器来检测红、蓝的面条。

二、色标传感器的接线

色标传感器的连接非常简单，只需要连接好传感器的一根信号线、一根电源线和一根地线即可，如图 4-1-51 所示。需要说明的是，在连接中注意传感器的正负极，色标传感器检测到目标是低电平输出，正常状态是高电平输出。

传感器输出连接单片机时，需要对信号进行调理，电路如图 4-1-52 所示。色标传感器根据反射回来光的强弱，使得光敏电阻阻值变化，电路电压变化，经过放大器 U1：A 放大，经过电压比较器 U1：B 得到 0 和 1 的信号，送给单片机的 I/O 端口检测。

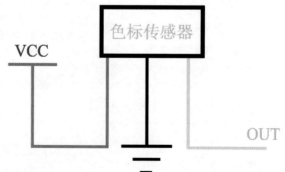

图 4-1-51 连接电源线与地线

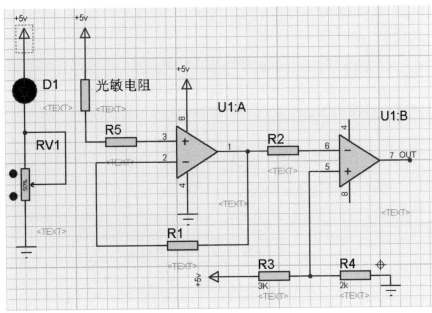

图 4-1-52 连接电源线与地线

三、两色传感器的调整

色标传感器的调节须使用十字螺丝刀调节传感器上的可调电阻。确保能检出红色，请见图 4-1-53。

四、红绿面条的识别功能的实现

当位于机械手旁边的色标传感器检测到红色面条的时候，我们就可以驱动机械手去抓取面条了，如图 4-1-54 和图 4-1-55 所示。

图 4-1-53 色标传感器的调节

图 4-1-54 检测红色面条

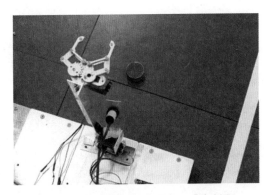

图 4-1-55 检测到红色面条，准备抓取

结合子任务四，加上本任务里的颜色识别功能，程序框图如图 4-1-56 和图 4-1-57 所示。

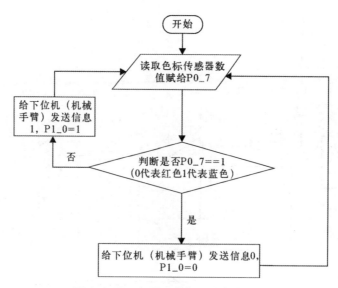

图 4-1-56 机器人控制器程序流程图

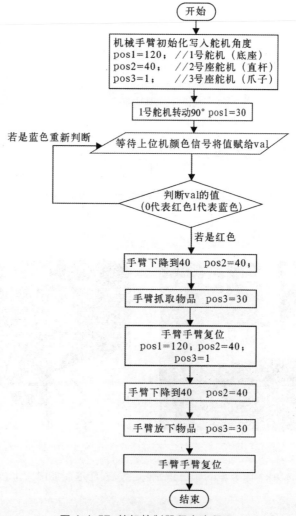

图 4-1-57 舵机控制器程序流程图

 知识、技能归纳

了解中科机器人平台机械结构的特点，熟悉控制器的硬件及电动机驱动模块、传感器调理模块，熟悉编程环境，掌握 2 路传感器的原理、接线、调整和使用注意事项，掌握直流电动机驱动及简单巡线，掌握 16 路巡线传感器的原理、接线、调整和使用注意事项，能使用它让机器人走方格，掌握舵机及其控制器，能设计简单机械手，能使用色标传感器设计机器人进行分拣工作。

工程素质培养

搜集查阅有关资料，整理机器人的各种元件资料，总结调试中遇到的问题，做好备忘工作。设计改进方案，学习 CCTV 大赛、RoboCUP 大赛及其他机器人中优秀的设计思想。

▶ 任务二 晋阶

子任务一　面条仓库码放

 **任务内容**

> 阿宝的头脑越来越灵活了，两种彩色面条刚生产半年后，为了方便顾客，他又研制大包装和小包装了。这样一来，阿宝的公司就有四种产品了。而且为了使仓库有序工作，需要将四种方便面放到立体货架四个不同的位置。

 **任务目标**

1. 机器人手臂机械结构的设计；
2. 中科机器人控制系统硬件的组态与连接；
3. 与机器人相关元器件，如电动机、色标传感器、舵机及限位开关的选择和使用；
4. 编写相应的控制程序。

 **任务实施**

在前面的任务一中，我们已经通过 5 个子任务完成了能行走，能识别颜色，能抓取物料的机器人了，接下来，我们开始让它干点"真活"，使小车具备如下功能：（1）机器人小车车身能装载面条，面条码放的方式可以是平放，也可以是叠放；（2）机器人小车分别走到立体仓库的四个货位旁，将四种面条分别放到高度不同的四个货架上；（3）放完面条后，机器人小车空车返回原处，如图 4-2-1 所示。

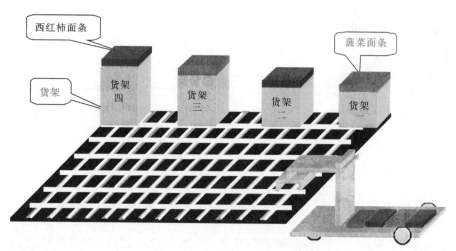

图 4-2-1 机器人小车及其工作的场地图

机器人手臂机械结构建议采用竖直轨道加转台的设计，如图 4-2-1 所示
（1）竖直轨道采用直线导轨加齿形带，驱动用直流电动机；
（2）立体库四个不同的高度用限位开关控制；
（3）转台用舵机驱动；
（4）手爪用舵机驱动。
小车运行流程图（规则）如图 4-2-2 所示。

小车在出发点上好货，共四箱方便面，两箱绿色（G）和两箱红色（R），随机码放在序号为 1，2，3，4 的箱位上。在出发前机器人手臂先按序从 1 号箱位抓取一个箱子，经过色差传感器识别，第 1 个绿色箱必须放在 1 号货架上；第 1 个红色箱必须放在 2 号货架上；第 2 个绿色箱必须放在 3 号货架上；第 2 个红色箱必须放在 4 号货架上，如图 4-2-3 所示。试想一下，如果出发前机器人手臂抓起箱子的颜色的可能性只有两个（红和绿）。所以就有两个分支（R 和 G）程序，如图 4-2-2 所示。

左边的分支包括：

R-RG-RGR-RGRG

R-RG-RGG-RGGR

R-RR-RRG-RRGG

右边的分支包括：

G-GG-GGR-GGRR

G-GR-GRR-GRRG

G-GR-GRG-GRGR

上述 6 个分支都不一样，它取决于随机码放的情况，机器人必须识别并进行逻辑推理，才能一步步走下去。每一次抓取都决定下一步的巡线轨迹，所以要细心！

如果要求空车返回出发点，还要加两种可能性，即从 3 号还是 4 号货架返回，你说是吧。问题虽然复杂了些，但具有挑战性，让我们动手试试吧！

展示你们的才能吧，自己策划，自己动手实施吧！

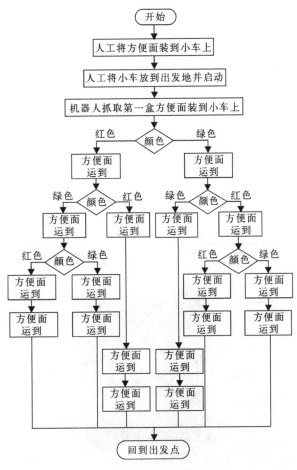

图 4-2-2 小车运行流程图

子任务二 避障送面条

任务内容

阿宝的方便面业务规模越来越大，客户分散各地，有些地区道路环境复杂，没有白线条可以参考。这种情况下如何将面条送到呢？我们来为阿宝想想办法。

任务目标

1. 用红外和超声波传感器完成组合避障；
2. 用码盘完成巡线精确控制；在没有白线的情况下，机器人小车必须走一个Z字形路线；
3. 编写相应组合避障和码盘巡线的控制程序。

任务实施

生活中，当小车与障碍物的距离小于安全距离时，小车会发出"在距您前方 x 米的地方有一障碍物，请您注意避让"的语音提示。今天我们要设计的机器人可以转弯绕行避开障碍物，在避开障碍物后，机器人小车会沿直线前进。我们的机器人就要有这样的能力。

在小车行进的过程中，我们可以使用红外发射和接收电路来进行障碍物检测。在小车的前端两侧分别安装1个红外发射二极管进行红外信号的发送。红外发射二极管的阳极为红外发射二极管的使能调制端，由单片机输出38kHz的载波信号，通过发射二极管发送红外信号。红外接收器由安装在车头中央的红外接收模块进行信号的接收，如图4-2-3所示。

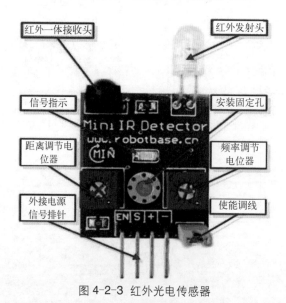

图4-2-3 红外光电传感器

我们还可以使用超声波传感器来避障，首先利用单片机输出一个 40 kHz 的触发信号，把触发信号输入到超声波测距模块，在发射的同时单片机通过软件开始计时，超声波在空气中传播，途中碰到障碍物返回，超声波测距模块的接收器收到反射波后通过产生一个回应信号反馈给单片机，此时单片机就立即停止计时。由于超声波在空气中的传播速度为 340m/s，根据计时器记录的时间 t，就可以计算出发射点距障碍物的距离。超声波传感器的实物如图 4-2-4 所示。

在本任务中，利用红外和超声波传感器进行避障不是难点，在前面的任务里已经有类似的内容，在没有白线的情况下，机器人小车走一个 Z 字形路线，我们可以用码盘和光电传感器来实现，如图 4-2-5 所示，在机器人小车的轮毂侧面贴上打印好的码盘，用光电传感器检测机器人小车行走的距离，就可以进行精确巡线了。

图 4-2-4　超声波传感器

光电
传感器

码盘

图 4-2-5　带码盘的车轮

怎样测量机器人行走的距离呢？

图 4-2-5 中使用的黑白码盘，我们用光电传感器来检测码盘上的黑白条纹的变化，当光电传感器检测到的是白条纹，我们得到一个 "1" 信号，当光电传感器检测到的是黑条纹，我们得到一个 "0" 信号，机器人小车轮毂的周长是已知的，在小车轮毂的侧面装上码盘，假定小车轮毂的周长是 36cm，码盘是 36 线的，当机器人检测 2 个由 "0" 变 "1" 的信号时（我们称为 "上升沿" 信号），说明机器人就走了 1cm。检测的硬件原理框图如图 4-2-6 所示。软件设计时，我们只要记下脉冲数就可以知道机器人走了多远，遇到障碍后，机器人就能转弯，并且知道自己的位置在那里，应该往那里走。

测速码盘便宜，但判断正反转要外搭电路。

避障子程序完成对超声波探测器产生的外部中断进行处理，如果超出预定的危险距离就左转进行避障。在定时中断服务子程序，完成定时与里程的计算。简单的避障的程序框图如图 4-2-7 所示。

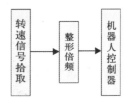

图 4-2-6　测量行走距离
的硬件原理框图

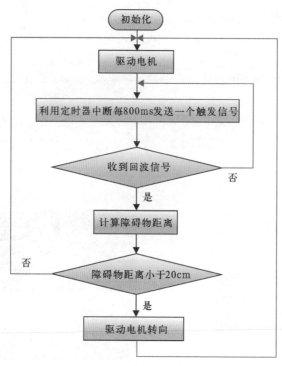

图 4-2-7 避障程序流程图

开始吧，别怕难，前面有这么多的内容支撑着，团队协作，只要兴趣在，肯动脑，勤动手，一定能成功！

知识、技能归纳

了解中科机器人平台机械结构的特点，熟悉控制器的硬件及电动机驱动模块、传感器调理模块，熟悉编程环境，掌握 2 路传感器的原理、接线、调整和使用注意事项，掌握直流电动机驱动及简单巡线，掌握 16 路巡线传感器的原理、接线、调整和使用注意事项，能使用它让机器人走方格，掌握舵机及其控制器，能设计简单机械手，能使用色标传感器设计机器人进行分拣工作。

工程素质培养

搜集查阅有关资料，整理机器人的各种元件资料，总结调试中遇到的问题，做好备忘工作。设计改进方案，学习 CCTV 大赛、RoboCUP 大赛及其他机器人中优秀的设计思想。

▶ 任务三　挑战

✎ 任务内容

深山探宝，人们生活越来越好了，也注重保健了。俗话说，药补不如食补。阿宝又来了新想法，想在面条里加些天然清脑香料。为了得到它，阿宝和他的父亲决定来个深山探宝，去采香料。经过跟难跋涉，终于来到一颗阿里香树下，一串串喷香的果实唾手可得，可是太高了，够不着。于是父亲抱着阿宝，踮着脚尖，费了好大的力气，终于采满了一大筐。

✎ 任务目标

1. 制作两个机器人，一个自动，一个手动；
2. 手动机器人能将自动机器人举起；
3. 自动机器人能完成巡线，接近物体时手爪张开。

✎ 任务实施

（1）首先，自动机器人完成巡线到指定位置。

（2）手动机器人待自动机器人到位，将自动机器人抬（举）。

（3）抬（举）到指定高度，手动机器人向自动机器人发出（声、光、电）信号，自动机器人手爪闭合表示摘果子的动作，如图4-3-1所示。

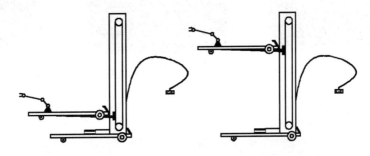

图4-3-1　手动机器人与自动机器人的配合图

（4）操作者见闭合动作过程结束，手动机器人再将自动机器人放到地上，自动机器人手爪松开。

（5）自动机器人回到指定位置。

手动机器人的运动控制平台也是在中科机器人平台上实现的，不同的是它提供了机器人的控制手柄。手柄外观如图 4-3-2 所示。

控制手动上面一共设置了 16 个按键，如图 4-3-3 所示。我们可以对它进行定义，设置我们自己的功能。手柄与主板的接线采用 20 芯的排线进行连接。（关于手柄的功能定义详见配套光盘中《手动机器人平台使用说明手册》。）

手动机器人要实现图 4-3-1 所示的功能，把自动机器人抬起来，这里我们可以考虑采用直线导轨加带传动的方式来实现抬举的动作。

直线导轨又称线轨、滑轨、线性导轨、线性滑轨。用于直线往复运动场合，拥有比直线轴承更高的额定负载，同时可以承担一定的扭矩，可在高负载的情况下实现高精度的直线运动。

图 4-3-2 直线导轨

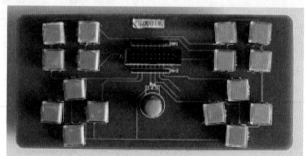

图 4-3-3 控制手柄按键

直线导轨及滑块实物图如图 4-3-4 ～ 图 4-3-6 所示，分别为滑块上面、滑块下面及滑块和滑轨。

图 4-3-4 滑块上面

图 4-3-5 滑块下面

图 4-3-6 滑块和滑轨

直线导轨与带传动实物图如图 4-3-7 和图 4-3-8 所示。

抬举高度的控制，最便捷、常用的方式是采用行程开关。行程开关是位置开关（又称限位开关）的一种，是一种常用的小电流主令电器，如图 4-3-9 所示。

利用生产机械运动部件的碰撞使其触头动作来实现接通或分断控制电路，达到一定的控制目的。通常，这类开关被用来限制机械运动的位置或行程，使运动机械按一定位置或行程自动停止、反向运动、变速运动或自动往返运动等。

机器人通信是一个比较复杂的过程，一般工业上我们可以用有线电缆、无线网络等方式通过具体的通信协议来完成机器人与机器人之间的信息传递。在这里我们可以采取比较简单的方式来完成一个指令的传达。譬如，手动机器人发出一个特定频段的声音、特定的光信号这些简单易行的手段，自动机器人接收到这些信号就完成了机器人通信，图 4-3-10 所示，手动与自动机器人通信。

图 4-3-7　直线导轨与带传动实物图　图 4-3-8　直线导轨与带传动实物图　图 4-3-9　限位开关

图 4-3-10　手动与自动机器人通信

如果两个机器人实现无线通信，也可选用 ZigBee 产品。ZigBee 读写器是短距离、多点、多跳无线通信产品，能够简单、快速地为串口终端设备增加无线通信的能力。产品有效识别距离可达 1 500 m。性能稳定、工作可靠，信号传输能力强，使用寿命长。

当我们的手动机器人把自动机器人放下来得时候，自动机器人的位置往往不一定正好在指定的位置上（一般是白线上）。为了下一步自动机器人的运动准确方便，我们要对它的位置进行调整。

自动机器人的位置调整的目标：自动机器人中心在白线上，开始进行巡线的下一步任务，如图 4-3-11，其位置调整流程图见图 4-3-12。

由于是 16 路并联的传感器，不但可以反应机器人平台与地面白线的位置关系。譬如：偏左、偏右、交叉线等情况，而且还可以把这些个偏差情况用量化的方式表达出来，从而便于我们来调整，这正是我们在这个任务采用 16 路传感器的原因，如图 4-3-12 ~ 4-3-14 所示。

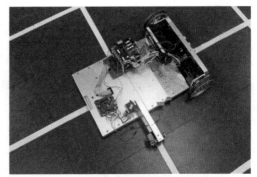

图 4-3-11　自动机器人中心在白线上

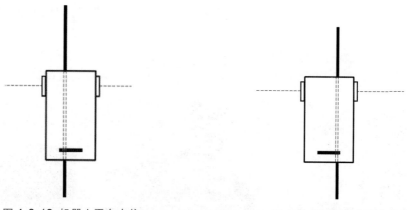

图 4-3-12 机器人平台右偏   图 4-3-13 机器人平台左偏

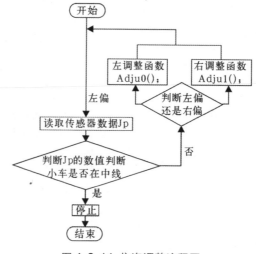

图 4-3-14 位姿调整流程图

下面就看你的了！功夫熊猫得休息一会儿了。

知识、技能归纳

本任务属于高级应用，通过本任务了解中科手动机器人平台的特点，熟悉手柄控制器的编程及应用，了解手动机器人和自动机器人合体的概念，熟悉机器人位置调整的概念、流程。

工程素质培养

搜集查阅有关资料，学习 2012Robocon 大赛的竞赛方案，吸收那些优秀的设计思想，设计你们的"深山探宝"的方案。

小结

十八般武艺，你学会了几种？

在本篇中，各个任务与其包含的主要技术内容，请见各项任务技术含量表（见表4-3-1）。

表4-3-1 各项任务技术含量表

任务名称	技术点名称	车轮电动机安装	舵机	限位开关	两路传感器安装	十六路传感器安装	色标传感器	超声波传感器安装	红外传感器	码盘	控制板	多机器人配合
		1	2	3	4	5	6	7	8	9	10	11
任务一基础	子任务1：机器人小车的驱动	★									★	
	子任务2：机器人小车的简单巡线	★			★						★	
	子任务3：机器人小车的高级巡线	★				★					★	
	子任务4：机器人手臂和手爪	★		★		★					★	
	子任务5：红蓝色面条的识别	★		★		★	★				★	
任务二晋阶	子任务1：面条仓库码放	★	★	★		★	★			★	★	
	子任务2：避障送面条	★	★	★		★		★	★	★	★	
任务三挑战	深山探宝	★	★	★	★	★	★	★	★	★	★	★

第五篇

基于虚拟仪器技术的机器人

虚拟仪器技术就是利用高性能的模块化硬件，结合高效灵活的软件来完成各种测试、测量和自动化的应用。LabVIEW 图形化平台（National Instruments 公司）作为虚拟仪器中的核心平台，在机器人领域中也有独特的优势和众多的应用。

别急，听我慢慢讲来！

好酷的机器人啊，快给我讲讲什么是虚拟仪器吧？

 任务目标

1. 了解虚拟仪器技术的概念；
2. 了解 LabVIEW 图形化平台的特点。

 **子任务一　虚拟仪器技术的概念**

1. 虚拟仪器技术概念由来

"虚拟仪器技术"这个概念缘起于 20 世纪 70 年代末。在当时微处理器技术的发展已经可以通过改变设备的软件来轻松地实现设备功能的变化，所以要在测量系统中集成分析算法已经成为可能，因此虚拟仪器技术的概念将会去改变整个的测试测量行业。

在那个时候，当传统仪器的供应商们还在将微处理器和厂商定义的算法嵌入到其提供的封闭式专用系统中，同时，一个全新的趋势——即打开测量系统、允许用户自己定义分析算法并且配置数据的显示方式——已经开始形成。就这样，虚拟仪器技术的概念诞生了，图 5-1-1 所示为以软件为核心的虚拟仪器系统构架。

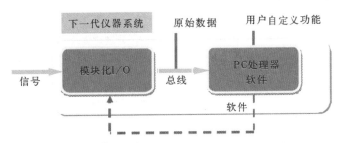

图 5-1-1　以软件为核心的虚拟仪器技术系统构架图

2. 虚拟仪器技术的特点

虚拟仪器技术实际上就是通过软件来定义具有相应功能的模块化硬件。和传统仪器相比较具有更加开放和灵活的特点。从软件上来讲，因为功能可以根据软件定制，所以可以把前沿的计算机技术融合到系统的构架中；硬件方面，虚拟仪器技术可以利用功能模块化的仪器，例如基于 PCI、PXI、USB 等总线的设备，实现集成度更加高的系统构架。

虚拟仪器技术是一种很前沿的技术啊，那么到底是怎么发展而来的呢？

子任务二　虚拟仪器技术与图形化编程环境LabVIEW

1. 虚拟仪器技术与图形化设计系统LabVIEW

1985 年 6 月，Jeff Kodosky 领导着一组工程师开始了图形化开发环境 LabVIEW 的编程工作，他们的研发成果就是推出了 LabVIEW 1.0 版本，如图 5-1-2。

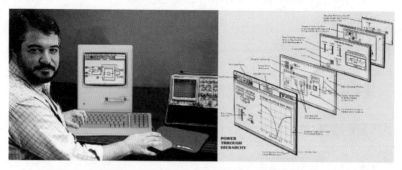

图 5-1-2 1986 年在 Apple 平台上推出的 LabVIEW 1.0 版本

在 20 年后的今天看来，这个产品的诞生大大超越了当时业界的理念，具有深远的前瞻意义。同时 NI 公司（National Instruments）作为虚拟仪器行业的领军者，不断推进虚拟仪器技术的发展和在技术领域内的革新。

2．LabVIEW 图形化环境介绍

LabVIEW 是图形化的编程环境。图形化的方式是最直接也是最有效的表达方式，和文本语言编程环境（如 C，VB 等）相同，在 LabVIEW 中编程有更加友好的人机交互体验和直观的编程方式，可以更加快速地上手并完成项目开发。

具体说来在 LabVIEW 的编程环境中有三个图形化面板，前面板，程序框图和函数面板。

其一，前面板，即用户界面，用来让工程师去创建交互式的测量程序，这些面板可以与实际仪器的面板非常相似，如图 5-1-3 所示。在前面板中提供了丰富的控件，如图 5-1-4 所示，可以通过这些图形化的控键用最直观的方式去输入以及表达数据，图中为数值控件面板和图形控件面板。比如在机器人原型阶段可以通过 3D 控件对机器人的算法进行仿真，如图 5-1-5 所示，图中机器人为 Virginia Tech 大学的 DARwIn 机器人。

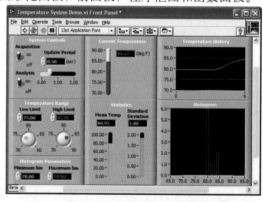

图 5-1-3 LabVIEW 前面板

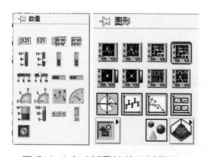

图 5-1-4 LabVIEW 前面板提供
的丰富的控件

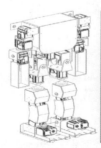
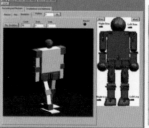

图 5-1-5 在 LabVIEW 环境中通过 3D 控件
对机器人进行仿真

其二，程序框图（见图5-1-6），即代码，所有的程序都是通过这个图形化的界面进行编程的，其执行顺序由数据流来决定，这一点在软件开发中是至关重要的。在LabVIEW中进行编程十分直观，因为是图形化的，可以和编程时构思的状态图很好地对应，达到所见即所得的一种编程体验。

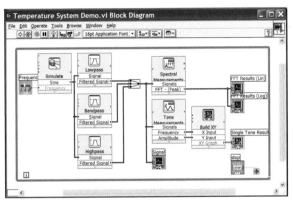

图 5-1-6 LabVIEW 程序框图

其三，函数面板，顾名思义，它包括了一系列即选即用的函数库（根据 Virtual Instruments 缩写为 VI），供用户在其测量项目中使用，能够极大地提高工作效率。在 LabVIEW 中提供了针对各个丰富的基础函数应用，如数学，信号处理，总线通信等，如图5-1-7所示。针对特定的需求，LabVIEW 中还有专门的工具包，比如机器视觉和运动控制（见图5-1-8），在机器人领域就有机器人工具包（LabVIEW Robotics）提供专门针对机器人开发的相应函数库（见图5-1-9）。

 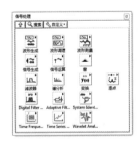

图 5-1-7 LabVIW 中提供的丰富的函数库

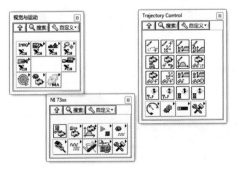 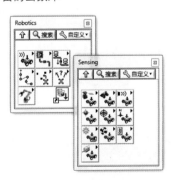

图 5-1-8 LabVIEW 提供的专业工具包　　图 5-1-9 LabVIEW 中的机器人模块

（机器视觉与运动）　　　　　　　　　　（传感器函数库）

LabVIEW是图形化的环境，看起来好亲切啊，连没有怎么写过程序的我也想自己动手试一试！

3. LabVIEW成为虚拟仪器技术核心

初始版本发布后，让创始人 Jeff Kodosky 颇感惊喜的是，用户们使用这一工具开发的应用不单单局限于测试测量，并且扩展到控制、建模和仿真领域。

在工程师方面，他们也受到 LabVIEW 这一创新工具 的启发和鼓舞，因为 LabVIEW 的发布为不同领域的工程师开拓了创新的空间，为实现更大规模的应用提供了可能，而在此之前，这些应用都是其从未去尝试过的。至此，LabVIEW 就确立了在虚拟仪器技术中的基础和核心地位。

▶ 任务二 基于LabVIEW的机器人创新及应用

 任务目标

了解 LabVIEW 机器人工具包在机器人项目中的特点和优势。

子任务一 LabVIEW机器人工具包开发机器人平台的特点

1. 机器人系统构架

LabVIEW 机器人工具包定义机器人的系统构架基本上分为以下三个部分，分别是感知系统，决策规划以及执行控制，如图 5-2-1 所示。

图 5-2-1 机器人系统的构架

NI 公司（National Instruments）针对机器人方面开发提供了 LabVIEW 机器人工具包，在工具包中可以利用现有的成熟技术方便地进行机器人设计过程中设计到的感知-决策-执行中的各个环节的设计。

2．感知部分

在感知部分，机器人通过不同子系统来感知外界环境，如图 5-2-2 所示。比如定位系统会告知当前处在什么位置；状态监测系统会告知当前机器人自身的运转情况；感测系统会告知当前机器人首周围的状态等。

在这一过程中，需要涉及多种传感器，如红外、超声波、视觉、GPS 等，在机器人工具包中提供了众多传感器的驱动，如图 5-2-2 所示，方便设计者在 LabVIEW 平台中直接访问到众多的传感器并且直接拿到相应的工程单位。

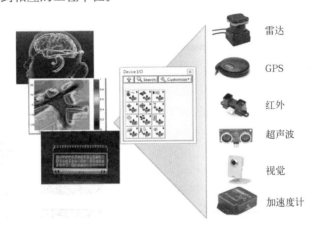

图 5-2-2 LabVIEW 中对众多机器人应用传感器支持

3．决策部分

在决策阶段，机器人需要根据感知以及操作者的命令进行相应的判断，在这个过程中一般需要进行复杂的算法，一些要根据需求自行开发，更多的算法是已经成熟的应用，例如：A*算法（也称 A 星算法，这是一种在图形平面上，有多个节点的路径，求出最低通过成本的算法），在 LabVIEW 机器人工具包中提供了这些成熟的算法可供调用，如图 5-2-3 所示。

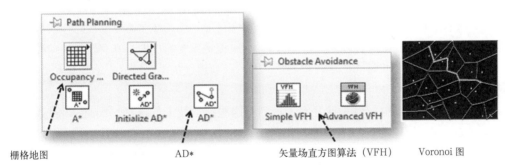

图 5-2-3 LabVIEW 中提供的机器人决策算法

另外，LabVIEW 作为开放性的图形化平台可以提供多种编程方式，如算法节点可以调用 DLL 函数库，mathscirpt 节点可以调用 Math works 的文本算法等，如图 5-2-4 所示。

4．决策规划

机器人的动作需要通过对电动机的一系列操作完成，也就是执行部分。LabVIEW 机器人工具包中也包括了这些针对电动机的控制算法，如图 5-2-5 所示。高水平的客户还可以直接通过 FPGA 模块编写自己的控制执行算法。

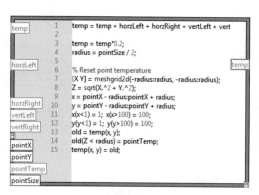

图 5-2-4 LabVIEW 图形化环境中
进行文本方式编程

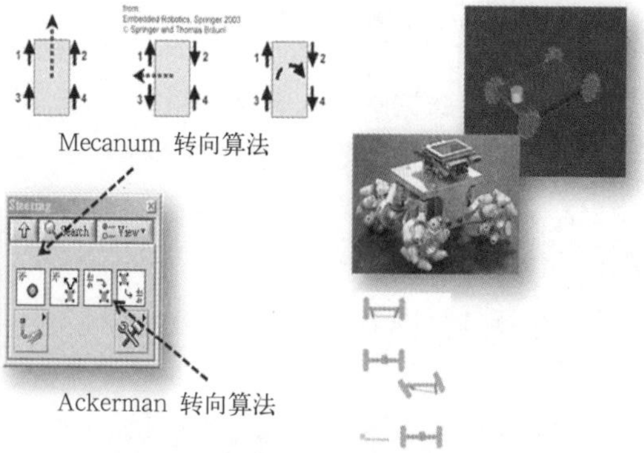

图 5-2-5 LabVIEW 机器人工具包中
提供的电动机控制算法

5. 仿真环境

在机器人起步包中，还提供了对机器人原型的仿真环境，可以在全 3D 的仿真环境中仿真机器人的一系列行为，如图 5-2-6 所示。

> 机器人的设计是一个很复杂的过程，在真正实物原型之前，如果可以在虚拟环境中对整体进行验证，就可以大大加速整体设计的速度，降低不必要的精力开销和损耗。

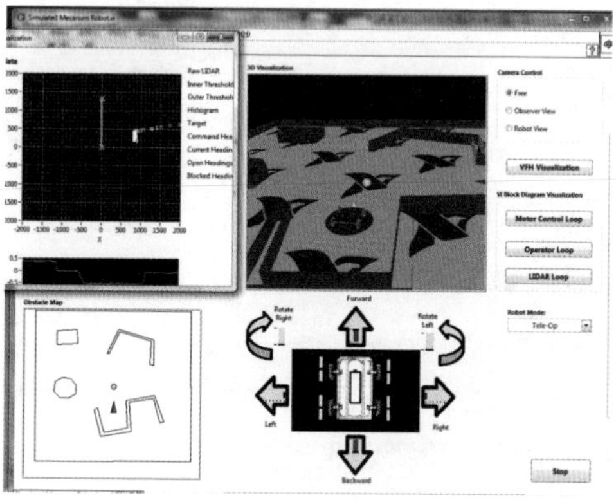

6. 硬件目标部署

同时，机器人作为独立的系统一般会采用嵌入式的系统，在 LabVIEW 中可以很好的实现与硬件的无缝连接，将在图形化环境中的代码部署到相应的平台上面。

图 5-2-6 LabVIEW 机器人工具包中
提供的仿真环境

一般的嵌入式系统会涉及到实时系统（Real-time）和 FPGA（现场可编程门阵列），这两个平台可以提供更好的实时特性以及并行运算的优势，但是需要编程人员具有较高的编程经验，这样开发人员需要进行较长时间的学习和熟悉，才可以利用这些平台，这样给开发人员带来了很大的挑战。

在 LabVIEW 中可以很好地帮助开发人员利用这些前沿技术的优势，同时降低开发的难度和周期，在 LabVIEW 中，针对各种硬件终端平台提供了不同的模块，用户可以直接在 LabVIEW 这样的图形化环境中进行编程，通过相应的模块将代码转换成可以部署到不同目标硬件终端上面。这样，开发人员就可以快速地实现机器人设计的原型，进行算法、机械方面的验证。

以 FPGA 为例，一般的 FPGA 的开发都需要在 VHDL 语言中开发，开发人员需要具有相当的文本编程经验，并且需要具备一定的硬件电路设计经验，这些技术的门槛对机器人开发者都是不小的难题。借助 NI FPGA 模块，用户可以直接在熟悉的 LabVIEW 的图形化环境中对 FPGA 模块进行编程，如图 5-2-7 所示。

```
-- First we sychronize the asynchronous digital input to our clock
-- by inserting two flip flops.
SynchronizationFFs:
process( aReset, Clk )
begin
    if aReset then
        cDigitalInput_ms <= false;
        cDigitalInput <= false;
    elsif rising_edge(Clk) then
        cDigitalInput_ms <= aDigitalInput;
        cDigitalInput <= cDigitalInput_ms;
    end if;
end process SynchronizationFFs;

-- Then we keep track of what the digital input was on the previous
-- clock cycle by inserting another flip flop
PreviousDigitalInputFF:
process( aReset, Clk )
begin
    if aReset then
        cPrevDigitalInput <= false;
    elsif rising_edge(Clk) then
        cPrevDigitalInput <= cDigitalInput;
    end if;
end process PreviousDigitalInputFF;

-- Then we have a little combinatorial logic to detect a rising edge
cRisingEdgeDetected <= cDigitalInput and not cPrevDigitalInput;

-- And finally we have a register that increments when that rising
-- edge is detected.
CounterRegister:
process( aReset, Clk )
begin
    if aReset then
        cCountReg <= (others=>'0');
    elsif rising_edge(Clk) then
        if cRisingEdgeDetected then
            cCountReg <= cCountReg + 1;|
        end if;
    end if;
end process CounterRegister;
cCount <= cCountReg;

end rtl;
```

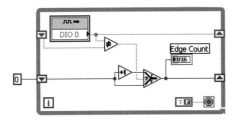

图 5-2-7 在 LabVIEW 和 VHDL 中实现计数器过程的比较

FPGA是很厉害的技术，不过如果要文本编程，似乎很难，我需要专注在机器人的设计上，而不是底层的编程……

在 LabVIEW 中还提供了针对实时系统，触摸屏，ARM 等硬件终端的模块，可以方便开发者利用各种平台的优势，在较短的时间内完成机器人的原型设计。

子任务二　LabVIEW机器平台进行机器人开发的优势

基于虚拟仪器技术的机器人设计特点：

以 LabVIEW 为核心的虚拟仪器平台提供了一个友好、灵活、开放的平台，十分适合机器人的设计。Dave Barrett 博士（iRobot 前总裁）这样评价："随着机器人领域的快速发展，迫切需要一种工业级机器人开发软件，能够良好地支持硬件，同时具有开放灵活的特性，从而帮助开发出在真实环境中运行的、具有感知系统、决策规划、执行控制功能的智能自主机器人，LabVIEW 无愧殊荣"。

Dave Barrett 并且还给出了 LabVIEW 适合机器人开发的 6 个理由，如图 5-2-8 所示。

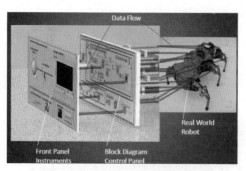
（a）非抽象/易于理解的图像化表达方式

（b）支持各种传感器和执行机构 I/O 连接

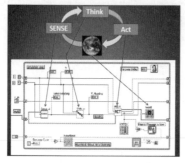
（c）Sense(感知)-Think(决策)-Act(执行)方式的数据流

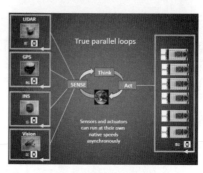
（d）易于创建异步并行循环

（e）CompactRIO (NI 嵌入式平台)

简单的实时代码，方便的 FPGA 实现

（f）易于生成公共可

重用的"机器人应用程序

图 5-2-8 LabVIEW 适合机器人开发的 6 个理由

▶ 任务三 NI LabVIEW机器人起步包应用

✎ 任务目标

1. 了解机器人起步包；
2. 机器人起步包动手实践。

子任务一 机器人起步包基本介绍

1. NI LabVIEW机器人起步包

NI LabVIEW 机器人起步包如图 5-3-1 所示，又为 DaNI，是一类工业级、现成的机器人

平台，在设计上既适合讲授机器人和机电一体化概念，也适合机器人系统的原型开发。该套件提供：传感器、电动机，以及 NI 嵌入式平台 NI Single-Board RIO 设备。采用 LabVIEW 图形化开发环境，可对套件内含的机器人进行编程。

图 5-3-1 NI 机器人起步包软件及硬件

2. NI LabVIEW机器人起步包硬件资源

控制部分：NI sbRIO-9632，如图 5-3-2 所示。

400 MHz Freescale 实时处理器　　200 万门 Xilinx Spartan FPGA

网络与外围接口
10/100 Ethernet
port
RS232 Serial
port

110 3.3V
数字 I/O
32 单端输
入 /16 差分
输入，
4 模拟输出

图 5-3-2 机器人起步包 控制部分 NI sbRIO-9632

传动部分：Pitsco 12 V DC，电动机 152 r/min（转速），300 oz-in（扭矩）。

传感器：光电编码器 每循环 400 脉冲；

　　　　超声波传感器（2 ~ 3 cm，180°）。

3. 机器人起步包软件部分

LabVIEW Robotics 提供了机器人开发相关的各种函数库，例如：

（1）机器人相关传感器驱动，如图 5-3-3 所示，通过驱动可以方便地通过 sbRIO9632 上的硬件 I/O 接口连接到各类传感器，如红外传感器，图 5-3-4 所示。

（2）智能机器人操作的基本算法以及感知函数。

（3）内置物理仿真环境系统。

（4）运动控制函数。

（5）实际应用案例，前进以及反向运动力学函数协议函数库如I²C、SPI、PWM、JAUS等，如图5-3-5所示。

图5-3-3 机器人工具包中提供的传感器函数

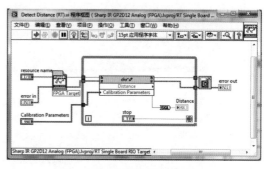

图5-3-4 红外传感器应用例子

4．机器人起步包构架

机器人起步包构架如图5-3-6所示。

图5-3-5 机器人工具包中提供的
机器人应用各种范例

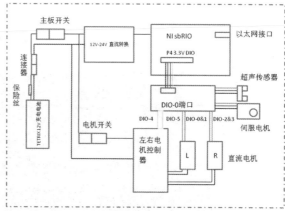

图5-3-6 机器人起步包构架

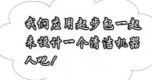

子任务二　机器人起步包上手应用

现在家居中会有越来越多的机器人为人们提供服务，如处理家务，扫地机器人就是一个很好的创意，可以帮助人们清理房间的地面。

1．需求规划

如何设计一个扫地机器人呢，首先需要对扫地机器人具备的功能进行定义，我们这里先实现原型，所以对功能进行一定的简化。扫地机器人的功能定义如下：

（1）感知系统：可以对周围的环境进行感知，如对前方的障碍物的感知。

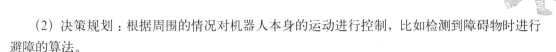

（2）决策规划：根据周围的情况对机器人本身的运动进行控制，比如检测到障碍物时进行避障的算法。

（3）执行控制：根据决策算法中的结果控制机器人的运动机构，实现机器人的避障运动。

2．实现方案

在机器人起步包（DaNI）中实现扫地机器人的原型设计，（本例具体程序可以参照光盘中 Starter kit Roaming.lvproj 范例程序）方案如下：

（1）感知系统方案

通过 DaNI 前方的超声波传感器实现对前方障碍物的感知，为了获取 DaNI 周围环境的全部信息，周期性旋转 DaNI 的超声波传感器实现 DaNI 前方 130°范围内的障碍物的感知。

具体实现如下：

通过 FPGA 对超声波传感器进行控制，同时将超声波传感器传回的数据转换成障碍物的距离信息(具体可以参看光盘中本范例中 Measure Ultrasonic Disdance.vi)，如图 5-3-7 所示。

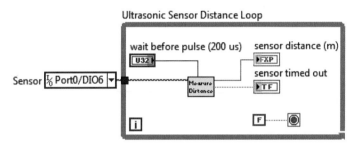

图 5-3-7 FPGA 中实现超声波传感器测量

在实时系统中，将该距离信息和时间信息通过计算转变成障碍物的距离和角度信息（具体参见光盘中范例程序下 Roaming.vi），如图 5-3-8 所示。

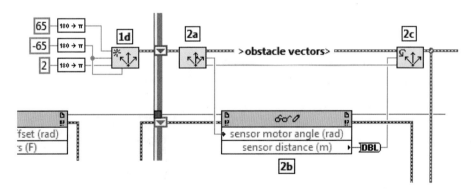

图 5-3-8 实时系统中将超声波传感器测量转换成障碍物的位置信息

（2）决策规划方案

基于前方的障碍物位置信息（障碍物位置向量）计算当前 DaNI 需要转向的角度并且将该角度和速度转换成 DaNI 两侧轮子需要运动的速率信息。在这个部分中会涉及 2 个算法，一个是针对障碍物信息计算机器人当前前进方向，另一个是根据计算好的前进方向决定两侧轮子的转速。在机器人起步包中包含了这两类算法，如图 5-3-9 所示。在本例中可以直接引用，如图 5-3-10 所示（具体参见光盘中范例程序下 Roaming.vi）。

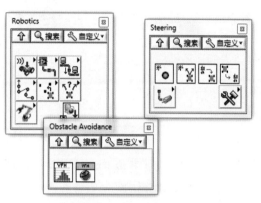

图 5-3-9 机器人工具包中的避障算法函数

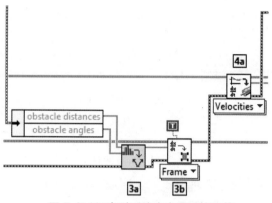

图 5-3-10 实时系统中实现避障运算

（3）决策规划方案

根据决策计算的结果，控制 DaNI 两侧的轮子按照指定的速率运动（见图 5-3-11）。在本部分中需要对电动机进行闭环控制，通过 DaNI 提供的电动机上的光电编码器获得电动机运动状态的反馈（见图 5-3-12）。为了达到更好的控制实时特性，通过 FPGA 硬件终端上部署该 PID 控制实现对轮子的精确控制，如图 5-3-13 所示。

整体上实时系统中的程序很好地反映了机器人设计中的感知-决策-执行的系统架构，如图 5-3-14 所示。

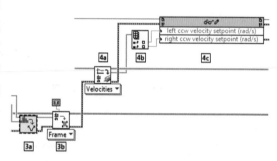

图 5-3-11 在实时系统中将决策规划计算的参数传递给 FPGA 部分

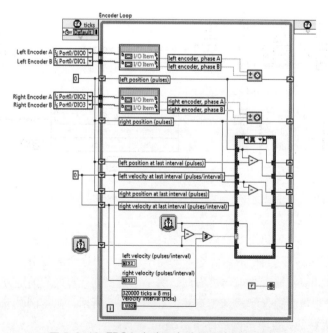

图 5-3-12 FPGA 中读取电动机光电编码器值

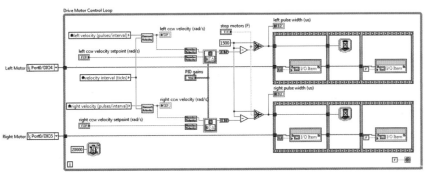

图 5-3-13 FPGA 中对左右 2 个轮子进行 PID 控制

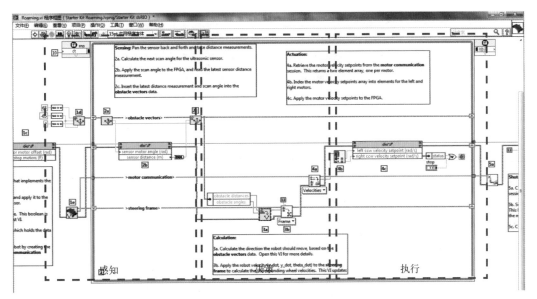

图 5-3-14 LabVIEW 中感知-决策-执行的机器人架构

（4）通过向导自动开始运行避障机器人

在 LabVIEW Robotics 中可以通过硬件助手自动配置程序，在 DaNI 上迅速开始一个避障算法的演示。

启动 LabVIEW Robotics，选择硬件配置向导（Hardware Setup Wizard），如图 5-3-15 所示。

根据硬件配置向导（Hardware Setup Wizard）提示依次操作，如图 5-3-16 所示。

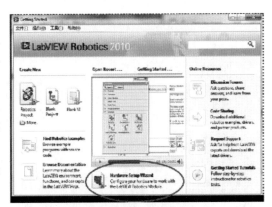

图 5-3-15 启动硬件配置向导

通过向导，我就可以快速地开始在机器人起步包上运行范例程序，先看看跑起来是什么样子！

（a）配置界面

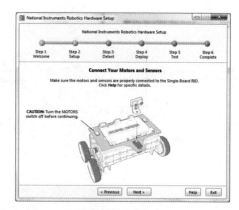

（b）配置界面中的提示操作

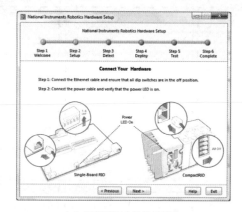

（c）配置界面中的提示操作

图 5-3-16 按照向导中的提示操作

配置结束后，运行生成的程序程序，拔掉网线，启动起步包中 Motor 键，DaNI 就开始进行自动避障的漫游算法，DaNI 会直行直到前方检测到障碍物，DaNI 会根据障碍物的情况进行避障处理，然后继续前行。

更多机器人起步包资源可以访问：www.ni.com/robotics/zhs。

知识、技能归纳

了解虚拟仪器技术的概念与及 NI LabVIEW 图形化平台的特点，了解基于 LabVIEW 的机器人创新及开发特点，了解 NI LabVIEW 机器人起步包的架构，软硬件平台的特点，可以根据案例来实现简单应用。

工程素质培养

结合你感兴趣的领域，查阅 NI LabVIEW 机器人的资料，构思一下你想制作的机器人，动动手，动动脑，试试吧！

机器人技术应用

第六篇

机器人应用及展望

师傅，这么多机器人将用于生产线，我们在前面学了一些，今后将要怎样用到工业领域去呢？

2010年7月29日，全球最大的电子代工厂商富士康科技集团董事长郭台铭在深圳对媒体表示，目前富士康有1万台机器人，明年将达到30万台，三年后机器人的使用规模将达到100万台，未来富士康将增加生产线上的机器人数量。

工业机器人已在越来越多的领域得到了应用。在制造业中，工业机器人得到了广泛的应用。如在毛坯制造（冲压、压铸、锻造等）、机械加工、焊接、热处理、表面涂覆、上下料、装配、检测及仓库堆垛等作业中，机器人都已逐步取代了人工作业。

随着工业机器人向更深更广的方向发展以及机器人智能化水平的提高，机器人的应用范围还在不断扩大，已从汽车制造业推广到其他制造业，进而推广到诸如采矿机器人、建筑业机器人以及电力系统维护维修机器人等各种非制造行业。此外，在国防军事、医疗卫生、生活服务等领域，机器人的应用也越来越多，如无人侦察机（飞行器）、警备机器人、医疗机器人、家政服务机器人等均有应用实例。机器人正在为提高人类的生活质量发挥着重要的作用。

 ## 任务一　机器人在汽车生产线中的应用

 任务目标

来看看机器人在汽车生产线的应用吧!

1．了解机器人在汽车制造业的应用；
2．了解工业机器人的类型等。

工业机器人是汽车生产中非常重要的设备，各个部件的生产都需要有工业机器人的参与。我们来举几个例子，汽车生产中的车身生产中，有大量压铸，焊接，检测等应用，这一些目前均由工业机器人参与完成，特别是焊接线，一条焊接线就有大量的工业机器人，一排机器人，相当壮观，同时也显示出自动化的程度相当的高；汽车内饰生产，汽车内饰相当多，最主要的则是仪表盘，而仪表盘的制作，则需要表皮弱化机器人，发泡机器人，最后是产品切割机器人，汽车车身的喷涂，这一块由于工作量大，危险性高，大量的工作也都由工业机器人代替。

1．焊接机器人在汽车底盘焊接中的应用

国内生产的桑塔纳、帕萨特、别克、赛欧、波罗等后桥、副车架、摇臂、悬架、减振器等轿车底盘零件大都是以 MIG 焊接工艺为主的受力安全零件，主要构件采用冲压焊接，板厚平均为 1.5 ～ 4 mm，焊接主要以搭接、角接接头形式为主，焊接质量要求相当高，其质量的好坏直接影响到轿车的安全性能。

焊接机器人最适合于多品种高质量生产方式，目前已广泛应用在汽车制造业，汽车底盘、座椅骨架、导轨、消声器以及液力变矩器等焊接件中，尤其在汽车底盘焊接生产中得到了广泛的应用，如图 6-1-1 所示。应用机器人焊接后，大大提高了焊接件的外观和内在质量，并保证了质量的稳定性并降低了劳动强度，改善了劳动环境。

按照焊接机器人系统在汽车底盘零部件焊接布局的不同特点，及外部轴等外围设施的不同配置，焊接机器人系统可分为以下几种形式。(1) 滑轨＋焊接机器人的工作站；(2) 单（双）夹具固定式＋焊接机器人工作站；(3) 带变位机回转工作台＋焊接机器人工作站；(4) 搬运机器人＋焊接机器人工作站；(5) 协调运动式外轴＋焊接机器人工作站；(6) 机器人焊接自动线；(7) 焊接机器人柔性系统。

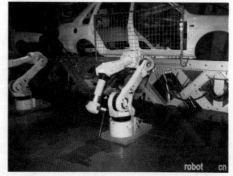

图 6-1-1　焊接机器人在汽车生产线上

2．焊接机器人工作站的组成及动作设计

焊接机器人系统主要由机架(底座、支撑座)、工作台浮动支撑、辅助支撑及夹具(2台变位器、2个工位)、机器人及其控制系统、气动系统、防护栏、遮光板、光幕、焊接电源、焊枪、电气系统及其他辅助装置组成。

机器人的控制系统，通常工作站采用可编程控制器作为主控制装置，负责整个系统的集中调度，通过总线和 I/O 接口获取各个执行元件的状态信息，将焊接任务划分为各个子任务，分发并协调各个工位的工作。

控制系统主要由主控制箱、主操作盘、副操作盘等部分组成，主控制箱是控制的中心，主要完成对机器人、操作盘的协调控制；副操作盘装有触摸屏，能完成所有操作及提供各种指示，有电源"入、切"、"手动、自动"转换开关、"运转准备"、"异常解除"、"警报停止"、"非常停止"等按钮，以及各种报警指示灯；主操作盘完成工作的启动、停止控制。

底座用于安装焊接机器人、翻转变位器、辅助支撑、工作台等部件。其中水平翻转变位器拖动 2 套夹具配合焊接机器人使工件焊缝处于最佳的焊接位置，如图 6-1-2 所示。

焊接系统的运行时，首先系统初始化，并检测各个执行元件的状态，由于焊接工件种类不同，需要设置不同的焊接工艺参数。控制焊枪动作的焊接控制器中可存储多种焊接工艺参数，每组焊接参数对应 1 组焊接工艺。机器人向 PLC 发出焊接预约信号，PLC 通过焊接控制器向焊枪输出需要的焊接工艺参数。

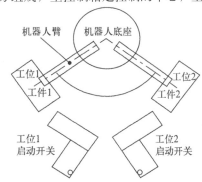

图 6-1-2 2工位点焊机器人示意图

3．KUKA机器人在宝马汽车的应用

德国库卡公司(KUKA)自进入中国市场以来，不断以其革新的机器人技术推动着中国汽车制造业的自动化发展，已成为该行业领先的工业机器人提供商。目前库卡工业机器人在国内各行业的使用数量已经有好几千台，其中两千台左右应用于汽车以及汽车零部件制造行业，如图 6-1-3 所示。

现代汽车制造业不断向"准时化"和"精益生产"的方向发展，这对设备的快速响应、柔性化、集成

图 6-1-3 KUKA 焊接机器人在汽车生产线上

化和多任务处理的能力提出了更高的要求。为迎合这种需求，库卡公司另辟蹊径，突破传统的机器人协同工作组概念，以单个机器人作为独立的控制对象，把计算机网络控制的概念引入到机器人协同工作组控制中，对机器人协同工作组的功能和工作模式进行了历史性的革新，使得 15 台机器人同步工作成为可能，完全颠覆了传统汽车制造中以工位为目标单位的工艺格局，汽车的柔性化生产提高到了一个空前的高度。

下面具体介绍宝马公司的案例，从中了解库卡机器人从客户的需要出发，了解客户的要求并据此提出行之有效的解决方案。

当前状况 / 任务：宝马公司为其在雷根斯堡的工厂寻找一种自动化解决方案用以传送宝马 1 系列及 3 系列车型的整个前后轴以及车门。

实施措施/解决方案：宝马公司选择了三台库卡机器人，包括一台 KR 500 及两台 KR 360 来传送前后轴。KR 500 从装配系统中取出已装配好的前轴并将其置于装配总成支架上，在那里前轴将被装配到传动杆上。KR 500 的多用夹持器适用于 1、3 系列所有车型专有的轴。此外，整个夹持器还满足了宝马公司的要求，即能够在传送过程中使轴的活动部分保持在规定的位置。由此，机器人可将所有需要装配的部件在转配总成支架上准确定位。

两台重载型机器人 KR 36 传送后轴。第一台 KR 360 从装配系统中取出轴并将其置于多用工件托架的存储器内。第二台 KR 360 从存储器中取出轴并将其置于装配总成支架上。如同前轴的情况，放置后轴时所需达到的精确位置可通过一个感知器测量系统得到。为使 KR 360 能够在最佳的位置上完成所需的工作，它被安装在一个 1.5 m 高的底座之上，如图 6-1-4 所示。由于机器人控制系统将夹持器作为第七条轴来移动，因此 KR 360 就有能力将客车车轴举到轮毂处而不受轮距的限制。

在传送车门方面，四台装配有 400 mm 延长臂的 KR 150，每两台作为一组，可以替代数目相同的提升站以及所属用以交接的机械装置。在两个机器人小组内部，一台机器人负责前门，另一台负责后门。当一辆带着空运输吊架的电动钢索吊车停在工位内时，机器人的工作就可以开始了。有关的 KR 150 将其夹持器摆动着伸入货物承装工具内部，将其从电动钢索吊车上取下并置于下一层以做好装料准备。两个在此工作的工作人员为吊架的两侧都装上相应的车门。之后，机器人将货物承装工具移回上一层并将其重新放回电动钢索吊车。如图 6-1-5 所示，由于机器人重复精度高，就可以避免对车门及电动钢索吊产生损伤。由于对机器人可进行自由编程，因此整个设备也具有很高的灵活性。除此之外，库卡公司还可以满足宝马公司对夹持器的要求——设计简单且安全可靠。

图 6-1-4 KUKA 装配机器人在汽车生产线上　　图 6-1-5 KUKA 装配机器人装配车门

 任务二　机器人在物流领域中的应用

现代的汽车制造业已经离不开工业机器人啦，我们再看看机器人在物流中的应用，这可是新兴产业哇！

任务目标

了解物流领域的各类机器人的应用。

码垛，我的长项，我想跟它比试比试！

1. 码垛机器人

国内的物流行业已经进入了准高速增长阶段。传统的自动化生产设备可能已经不能满足企业日益增长的生产需求。以码垛设备为例，机械式码垛机，具有占地面积大、程序更改复杂、耗电量大等缺点；采用人工搬运，劳动量大，工时多，无法保证码垛质量，影响产品顺利进入货仓，可能有百分之五十的产品由于码垛尺寸误差过大而无法进行正常存储，还需要重新整理。目前欧、美、日的码垛机器人在码垛市场的占有率超过了90%，绝大多数码垛作业由码垛机器人完成。码垛机器人能适应于纸箱、袋装、罐装、箱体、瓶装等各种形状的包装成品码垛作业，如图 6-2-1 所示。

码垛机器人通过检测吸盘和平衡气缸内气体压力，能自动识别机械手臂上有无载荷，并经气动逻辑控制回路自动调整平衡气缸内的气压，达到自动平衡的目的。工作时，重物犹如悬浮在空中，可避免产品对接时的碰撞。在机械手臂的工作范围内，操作人员可将其前、后、左、右、上、下轻松移动到任何位置，人员本身可轻松操作。同时，气动回路还有防止误操作掉物和失压保护等连锁保护功能。码垛机器人能将不同外形尺寸的包装货物，整齐、自动地码（或拆）在托盘上（或生产线上等）。为充分利用托盘的面积和码堆物料的稳定性，机器人具有物料码垛顺序、排列设定器。可满足从低速到高速，从包装袋到纸箱，从码垛一种产品到码垛多种不同产品，应用于产品搬运、码垛等，如图 6-2-2 所示。

图 6-2-1 码垛机器人在包装生产线上　　　　　图 6-2-2 大型码垛机器人

2. 自动导引车

AGV 是自动导引车（Automated Guided Vehicle）的英文缩写，是指具有磁条，轨道或者激光等自动导引设备，沿规划好的路径行驶，以电池为动力，并且装备安全保护以及各种辅助机构（如移载，装配机构）的无人驾驶的自动化车辆，如图 6-2-3 所示。通常多台 AGV 与控制计算机（控制台），导航设备，充电设备以及周边附属设备组成 AGV 系统，其主要工作原理表现为在控制计算机的监控及任务调度下，AGV 可以准确的按照规定的路径行走，到达任务指定位置后，完成一系列的作业任务，控制计算机可根据 AGV 自身电量决定是否到充电区进行自动充电。

根据导航方式的不同，目前 AGV 产品可分为：磁导航 AGV 和激光导航 AGV（又称

LGV）。在物流领域里，根据工作方式的不同，AGV 有叉车式运输型 AGV、搬运型 AGV、重载 AGV、智能巡检 AGV、特种 AGV 以及简易 AGV（又称 AGC）等，如图 6-2-4 所示。

当前的智能物流机器人 CPU 性能越来越高，控制器内部根据控制功能的不同采取模块化设计，运动平衡控制的增强，提高了机器人加速和减速的时间，加快了机器人的动作周期，碰撞检测功能的提高，极大地保护了机器人本体和手爪；新开发的虚拟现实功能，作为软件集成在机器人系统控制柜中。通过机器人示教盘监控视觉功能的作业情况。舍去了传统视觉系统中 PC 等硬件，大大节省了成本支出。机器人已经在中国物流行业中被广泛应用，节约了成本，提高物流效率。

图 6-2-3 自动导引车

图 6-2-4 智能物流机器人

> 看到了吧，机器人千变万化，功夫了得吧，还有更厉害的呢！

▶ 任务三 机器人在能源领域中的应用

 任务目标

了解石油、电力等能源领域的各类机器人的应用。

能源装备自动化产业已经利用先进机器人及自动化技术，开发各种油田及其他能源行业自动化装备。例如：应用于海上和陆地油气田的井口管处理机器人系统，如修井作业管杆自动操作机、自动修井机、勘察船抓管机器人、钻台机器人、二层平台操作机器人等，还有像应用于发电厂和变电站的巡视机器人等。用于高劳动强度、环境恶劣的场合。

1. 折臂抓管机器人

折臂抓管机器人主要安装在船甲板或海洋钻井平台上，采用机器人自动化技术，与鹰爪机之间协调配合工作，将管场中水平放置的钻杆移运到井口，翻转为竖直状态；或者将井口上方拆卸下的竖直钻杆，翻转并移运到管场。

在移动运过程中，钻杆质心轨迹保持为平行或垂直船轴线，并且钻杆轴线与船轴线保持平行，实现钻杆在空间范围内按规划轨迹的移运，如图 6-3-1 所示。

折臂抓管机器人在海洋钻探领域应用前景十分广阔。

2. 钻台排管机器人

钻台排管机器人是应用于石油钻机钻井过程中，对钻台钻杆进行处理的机器人。在钻机钻井的同时，从猫道中取出管柱；将管柱提放入小鼠洞中；借助铁钻工依次把三根管柱连接形成立根或连接套管，并将立根依次摆入立根盒；根据工艺需要，从立根盒里面取出立根送到井口，或者从井口取出立根放入钻杆盒；智能化二层台指梁，根据需要关闭或开启保险销，允许机器人带管柱自动出入指梁，立根搁置时避免其倾倒等功能。

钻台排管机器人可减少在加长钻柱时，连接立根需要的上卸扣和移动时间，减少危险岗位的操作人员。可与自动化猫道及钻杆排放系统、铁钻工等设备配套使用，提高整套钻机的安全性、可靠性、高效性及智能化水平，如图 6-3-2 所示。

图 6-3-1 抓臂抓管机器人

图 6-3-2 钻台排管机器人

3. 发电厂、变电站的巡视机器人

长期以来，我国电力行业沿用的变电站设备人工巡检作业方式，在高压、超高压、核发电以及恶劣气象条件下，不仅对人身危害大，而且对电网安全运行带来一定隐患。工业巡视监控机器人可代替人工完成电气设备的巡检作业。工业监控机器人系统以自主或遥控的方式，在无人值守或少人值守的变电站对室外设备进行巡检，可及时发现电力设备的热缺陷、异物悬挂等设备异常现象。它可以通过携带的各种传感器，完成变电站设备的图像巡视、一次设备的红外检测等。操作人员只须通过后台计算机收到的实时数据、图像等信息，即可完成发电厂、变电站的设备巡视工作。

巡视机器人主要应用于室外变电站代替巡视人员进行巡视检查。该机器人系统可以携带红外热像仪、可见光 CCD 等有关的电站设备检测装置，以自主和遥控的方式，代替人对室外设备进行巡测，以便及时发现电力设备的内部热缺陷、外部机械或电气问题，如：异物、损伤、发热、漏油等，帮助运行人员诊断电力设备运行中的事故，如图 6-3-3 所示。

业监控机器人是集机电一体化技术、运动控制系统、视频采集、红外探测、稳定的无线传输技术于一体的复杂系统。采用完全自主或遥控方式，沿指定线路自主行走。携带的摄像机作为检测装置，用于检测输电设备的损伤情况，并将检测到的数据和图像信息经过无线传输发送到后台监控系统，后台可以接收、显示和存储机器人发回的数据和图像资料，并对机器人的运行状态具有远程控制和检测的能力。

运动控制系统：主要实现机器人动力驱动，根据系统路径规划和遥控指令实现车体的运动控制，包括速度、位置控制。图 6-3-4 所示为机器人在爬台阶。

图 6-3-3 自动巡视机器人

图 6-3-4 自动巡视机器人爬台阶

红外采集系统：红外热像仪是目前利用红外辐射测温领域中最先进的一种测温设备，其结构一般由三部分组成：红外探测头、图像处理器、监视器。红外成像技术利用现代高科技手段，在设备不停电的情况下，即在高电压，大负荷的条件下，检测设备运行状况，通过对电气设备表面温度的分布及其测试，分析和判断，发现运行设备异常及其缺陷。

视频采集系统：通过工业监控机器人携带的摄像头进行视频图像的采集，采集模块将视频数据经无线网传回后台，后台的视频处理模块对数据进行监测分析，检测结果通过无线网发回云台命令，对监控机器人上的摄像头进行控制。

▶ 任务四 机器人在其他领域中的应用

 任务目标

了解机器人在其他领域的应用。

我看它不仅力气大，神通广大，而且眼观六路，耳听八方，佩服！

1. 电磁式爬壁机器人平台

目前，世界各国都在积极研发各种形式的机器人，广泛应用与军事、科研、工业、民用等领域，已经研发出来并有应用价值的机器人有数万种。在 21 世纪，是高水平、多功能、智能机器人发展的一个关键时期。使机器人可以应付复杂地形，特别是进行爬墙、爬管道等高难度作业是当今机器人发展的前沿课题之一。正如美国国防部高级研究计划署（DARPA）所指出的那样，具有爬墙能力的机器人，特别是可以让机器人爬上垂直的墙壁好处众多，意义深远。

电磁式爬壁机器人平台从客观需求出发，利用电磁铁可以吸附铁质物体的原理，实现机器人在铁质壁面上竖直攀爬。机器人平台以单片机为控制核心，控制四只仿生脚的行动和电磁铁的吸附，由无线控制器实现远程控制。平台搭载多种传感器，以检测机器人周围的环境状态，并应用蓝牙技术，将传感器监测数据时时传回控制计算机。还可由计算机控制，利用机器人上加装的机械臂，完成简单操作，如图 6-4-1 所示。

电磁式机器人平台的创新点在于利用电磁铁吸附原理，达到攀爬铁质物体的目的，可实现机器人在管道、铁杆以及其他高难度地方的大于 90°的爬行。与以往机器人相比，该机器人可跨较大的障碍，吸力大。克服了空气式机器人在壁面凹凸不平时，容易使吸盘漏气，从而使吸附力下降，承载能力降低的缺点。

在电磁式机器人平台安装摄像头和光电探头等探测器（用于检测机器人所处位置温度、化学物质、辐射等），便可使机器人具有视觉功能。机械手用来启闭阀门、搬移物品、拧紧螺栓或开门等。这种机器人可以良好地吸附铁质墙壁，实现墙壁攀爬。可以广泛应用于航空、航天、国防、热电厂、船舶业等，例如进行高炉的检测，舰艇轮船外部检测。现在，在一些危险地区或者管道等人不宜到达，而用常规机器人也无法进行探测的地方，

图 6-4-1 电磁式爬壁机器人

应用本机器人将可以使问题得于解决。这种机器人可用来代替人类在高温、强热、辐射、浓烟、地形复杂、障碍物多、化学腐蚀、易燃易爆等恶劣环境中进行侦察、修复。

2. 太空机器人——智能型火星车

假如向一张展开的世界地图上随意掷一枚硬币，则这枚硬币很可能会葬身"汪洋大海"。那么，假如向火星地图上掷硬币，又会发生怎样的情况呢？ 2003 年，8 亿美元化作了美国宇航局的两枚"硬币"飞向火星。这两枚"硬币"的名字叫做"火星探索漫游者——勇气号和机遇号"，是两部能够在火星上漫步的机器人。从它们分别在 2003 年底和 2004 年初登陆火星至今，它们已经在那里度过了将近 500 个火星的日日夜夜，也经历了许多奇遇。

漫游者火星车顶部桅杆式结构上，都装有全景照相机和微型热辐射分光计，它们的位置与人眼高度相当，可帮助确定火星上哪些岩石和土壤区域最有探测价值。车上还有一个末端装备了各种工具"手臂"：工具之一为显微镜，超近距离对火星岩石纹理进行审视；还有一个相当于小锤子的工具，能除去火星岩石表面历经岁月沧桑的岩层，为研究岩石内部提供方便，如图 6-4-2 所示。

图 6-4-2 太空机器人漫游者

漫游者是靠太阳能板来获得能量的，所以当火星上的尘土慢慢将太阳能板遮蔽起来，它们也就会失去活力。依靠太阳能，漫游者兄弟日出而作，日落而息。机遇号就连在观察日落的过程中也能发现不同寻常的东西。

勇气号和机遇号是设计上完全相同的双胞胎机器人，它们都有六个轮子，每个轮子高 25 cm。它们靠这些轮子在每天的工作时间里最多可以行进大约 100 m。看上去这种速度可真够慢的，但要知道，漫游者的行进速度并不是由它们轮子决定的。漫游者携带的科学仪器要将获得的数据处理妥善后才会允许轮子再向前滚动一点，如图 6-4-3 所示。

图 6-4-3 太空机器人漫游者巡航

每一个漫游者都像是一个全副武装的地质学家，它们在考察火星岩石的时候有一件利器——岩石打磨器。岩石打磨器上镶嵌着钻石，能够在两个小时的时间里在任何可及的岩石上打磨出一个直径45 mm、深5 mm的浅坑。这些听上去很浅的小坑在寻找水的过程中帮了科学家的大忙。因为打磨工作能够把层岩表层受到环境影响的部分去除掉，从而看到层岩内部更原始的状态。在过去的时间里，机遇号在火星上的最大发现，就是它正站在一条古老的海岸线上。它发现，火星上曾经比现在温暖和湿润得多，曾经存在过含有盐分的液态海洋。这一发现还被《科学》杂志评为了2004年最大的科学突破。

▶ 任务五 认识类人机器人NAO

任务目标

了解仿人机器人的特点及其应用。

想要让机器人做饭、做家务、打扫房间或购买食品杂货吗？机器人已承担了许多我们人类不想做、不能做或做得不如机器人好的工作。

跟朋友跳舞、聊天，还玩扑克、下象棋，都是我们参加中国智博会的梦想和期待。如果不是亲眼所见，很难相信说着一口流利中文的"女生"，原来是法国阿德巴兰机器人公司研发的NAO机器人的。

阿德巴兰机器人公司专以设计制造人性化机器人见长，NAO是目前世界上最为广泛应用的仿人智能机器人，如图6-5-1所示。

通过与NAO机器人的互动体验发现，这个身高仅58 cm，体重仅20 kg的小机器人，不但会讲话、跳舞，还能探测到障碍物避免摔倒，即便是摔倒后自己也能站起来。同时，一向顽皮的它，还具有踢足球、手抓物品、通过无线网络收发电子邮件等特长。

图6-5-1 仿人智能机器人NAO

阿德巴兰机器人公司创始人Bruno Maisonnier 25年来始终坚信个人机器人时代终将到来，智能机器人代表着21世纪的科学发展方向，预示着新的智能化时代即将到来。

NAO是怎样和外部环境进行交互的呢？它有红外发射器/接收器，2个声纳发射器/接收器，多重碰触区域的碰撞器，眼部、耳部、胸部、足部的全彩LED，麦克风扩音器，摄像头等，快速可上下切换的摄像头使NAO能够看到自己的脚，如图6-5-2和图6-5-3所示。

另外，NAO还装有1个陀螺仪（2轴）、1个加速计（3轴），实现G角自动计算（机器人倾斜角度），每只脚还装有4只压力传感器。

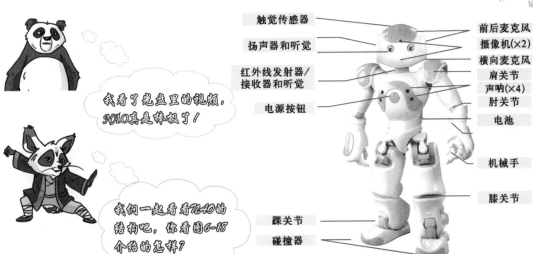

触觉传感器
扬声器和听觉
红外线发射器/
接收器和听觉
电源按钮

前后麦克风
摄像机(×2)
横向麦克风
肩关节
声呐(×4)
肘关节
电池
机械手
膝关节
踝关节
碰撞器

我看了光盘里的视频，NAO真是棒极了！

我们一起看看NAO的结构吧，你看图6-18介绍的怎样？

图 6-5-2 智能机器人 NAO 的结构

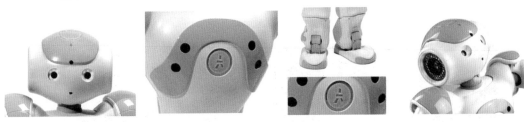

红外　　　声纳　　　多重碰触区域　　　LED

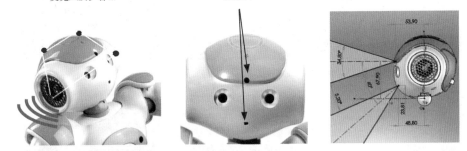

麦克风及扩音器　　　摄像头

图 6-5-3 NAO 的外部环境进行交互功能

NAO 可以思考、可以跳舞，活动自如，这依赖于它的运动控制部分。运动控制部分包含 20 个嵌入式微控制器，25 个伺服电动机，21 个 Maxon 无芯电动机，36 个 12 位的磁性旋转编码器，每个腿部关节有 2 个编码器，每个关节都有电流传感器。

NAO真不错！能为我们做些什么呢？

我们可以与 NAO 一起进行科学探索，包括在心理学、人类 - 机器人互动、机器人伦理学与社会学、认知、人工智能方面进行研究。NAO 已经成 RoboCup 比赛的标准平台组机器人，如图 6-5-4 所示。

-350 支队伍
- 多联盟
- 超过3000名学生

多组联盟：每支队伍使用一样的硬件

2007 年以前 RoboCup 的标准平台是 SONY 的 AIBO 机器狗

图 6-5-4 2011 年的 RoboCup 比赛

NAO 的发展方向为服务类机器人，比如通过对语料库（专业演员朗读的录音）的学习，NAO 会进行生动的表达和叙述，并且自主地为孩子们分析故事的语义，故事可长达 15 min，生动的表达可通过声音和手势的演示来实现，如图 6-5-5 所示。

NAO 的部分重要代码是开放的，有非常简单的编程环境，通过简单拖动形成流程图，还可拓展用于许多领域，最新的 NAO 已经可以作为个人助理了，据说它已具备人类的情感智商。

自闭症儿童治疗   住院儿童陪伴

Romeo 个人护理   NAO 个人护理

图 6-5-5 NAO 作为服务机器人

2011 年全国职业院校高职组机器人技术应用赛项在天津举办，伴随着"机器人世界漫游之旅"，在中国职教界，它是最高规格的技术创新竞赛和文化、技术体验活动，展出的教育型机器人、科研型机器人、竞技型机器人，定会让人大开眼界。

可能最受欢迎的还是来自法国的人工智能机器人 NAO，但是，让我们职教人大开眼界、连呼过瘾的，肯定会是中国职教界的技能竞赛脉络、文化、体验、探索，——那我们就叫她 NIHAO！

机器人的类型可真多，应用太广泛了，未来将为人类解决许多难题呢！

知识、技能归纳

了解机器人在工业及其他领域的应用及发展状况，了解各类机器人在不同应用领域的特点。

工程素质培养

结合你感兴趣的领域，构思一下你想制作的机器人，动动手，动动脑，试试吧！